国家自然科学基金(编号:41401437)资助

东华理工大学测绘地理信息学科专业基础课程群教学团队资助

流域生态与地理环境监测国家测绘地理信息局重点实验室基金资助

MATLAB 遥感数字图像处理实践教程

官云兰　何海清　王毓乾　编著

同济大学出版社
TONGJI UNIVERSITY PRESS

内 容 提 要

图像是信息获取的重要数据来源,本实践教程以 MATLAB 语言为基础实现遥感数字图像处理。本书共分为 4 章,第一章简要介绍了 MATLAB 基础知识,第二章为 MATLAB 基础实验,第三章以 MATLAB 为编程语言,介绍了数字图像处理方法,第四章将 MATLAB 知识与遥感图像处理知识结合,进行基础的遥感图像处理。附录列出了一些常用的 MATLAB 图像处理函数及其用法。

本书可作为高校测绘工程、遥感科学与技术、地理信息科学等相关专业的实践教学用书或参考书。

图书在版编目(CIP)数据

MATLAB 遥感数字图像处理实践教程 / 官云兰,何海清,王毓乾编著. —上海:同济大学出版社,2019.1
　　ISBN 978-7-5608-8430-1

Ⅰ.①M⋯　Ⅱ.①官⋯　②何⋯　③王⋯　Ⅲ.①
Matlab 软件-应用-遥感图象-数字图象处理-教材　Ⅳ.
①TP751.1

中国版本图书馆 CIP 数据核字(2019)第 012428 号

MATLAB 遥感数字图像处理实践教程

官云兰　何海清　王毓乾　编著

责任编辑　李　杰　　**责任校对**　徐春莲　　**封面设计**　陈益平

出版发行　同济大学出版社　　www.tongjipress.com.cn
　　　　　(地址:上海市四平路 1239 号　邮编:200092　电话:021-65985622)
经　　销　全国各地新华书店
排　　版　南京新翰博图文制作有限公司
印　　刷　启东市人民印刷有限公司
开　　本　787 mm×960 mm　1/16
印　　张　7.75
字　　数　155 000
版　　次　2019 年 1 月第 1 版　　2019 年 11 月第 2 次印刷
书　　号　ISBN 978-7-5608-8430-1

定　　价　28.00 元

前　言

数字图像处理是一门综合性学科,是测绘工程、遥感科学与技术、地理信息科学等专业的一门重要课程,是遥感图像信息获取的基础。在遥感数字图像处理的教学过程中,实践是必不可少的环节,通过实践,可进一步巩固学生的课堂知识,加深其对知识的理解,并应用所学知识解决实际问题,培养和提高学生综合素质。

MATLAB 由美国 MathWorks 公司出品,是用于数值计算、数据可视化、数据分析及算法开发等的高级计算语言,具有使用方便、输入简洁、运算高效、内容丰富、用户自行扩展容易等优点。相比其他计算机语言,MATLAB 更易学习和掌握,因此成为国内外大学教学和科学研究常用的工具之一。

本实践教程编写的目的在于使学生进一步掌握 MATLAB 基础知识,巩固数字图像处理的基本概念和基本算法,具备利用 MATLAB 进行遥感数字图像处理的能力,引导学生综合利用图像处理知识,深入研究遥感科学与技术领域的相关问题,提高学生分析问题、解决问题的能力,达到理论与实践相结合。

本书的出版得到了国家自然科学基金(编号:41401437)、东华理工大学测绘地理信息学科专业基础课程群教学团队、流域生态与地理环境监测国家测绘地理信息局重点实验室基金资助,在此表示感谢。本书在编写过程中,参考了部分网络资料,在此也一并向这些学者表示感谢。

由于作者水平有限,书中难免有不足之处,敬请读者批评指正。

编　者

2018 年 5 月

目　录

第一章　MATLAB 基础

一、MATLAB 简介

20 世纪 70 年代,美国新墨西哥大学计算机科学系主任 Cleve Moler 为了减轻学生编程的负担,用 FORTRAN 编写了最早的 MATLAB。1984 年,美国 MathWorks 公司正式推出商业数学软件 MATLAB。MathWorks 公司成立于 1984 年,旗下产品包括 MATLAB 产品家族、Simulink 产品家族和 Polyspace 产品家族。

MATLAB 即矩阵实验室(Matrix Laboratory)的简称,是用于算法开发、数据可视化、数据分析以及数值计算的高级计算语言。MATLAB 的基本数据单位是矩阵,它的指令表达式与数学、工程中常用的形式十分相似,故用 MATLAB 来解算问题要比用 C、FORTRAN 等语言完成相同的事情简捷得多,并且 MATLAB 也吸收了像 Maple 等软件的优点,使其成为一款强大的数学软件。MATLAB 采用一种直译式的高级语言,以解释方式工作,键入算式可立即得到结果,即它对每条语句解释后立即执行,若有错误也立即作出反应,便于编程者马上改正。这些都大大减轻了编程和调试的工作量。MATLAB 将数值分析、矩阵计算、数据可视化以及非线性动态系统的建模和仿真等诸多强大功能集成在一个易于使用的视窗环境中,为科学研究、工程设计等众多科学领域提供了一种全面的解决方案,并在很大程度上摆脱了传统非交互式程序设计语言如 C、FORTRAN 等的编辑模式,代表了当今国际科学计算软件的先进水平。

1984 年,MATLAB1.0 版问世,随后 1992 年推出了 4.x(Windows)版

本,2000 年推出 MATLAB6.0 正式版本。从 2006 年开始,MathWorks 公司每年对 MATLAB 产品进行两次更新,以相应的年份作为标记,以方便用户了解 MATLAB 版本的发布时间及相应的更新信息,如 R2015a(版本 8.5)于 2015 年 3 月 5 日发布,R2015b 于 2015 年 9 月 4 日发布。随着新版本的不断推出,MATLAB 的扩展函数越来越多,功能也越来越强大。MATLAB 已经不仅仅是一个"矩阵实验室",它集科学计算、图像处理、声音处理于一体,并提供了丰富的 Windows 图形界面设计方法。

MATLAB 具有以下特点:

(1)高效的数值计算及符号计算功能,将用户从繁杂的数学运算分析中解脱出来;

(2)具有完备的图形处理功能,实现计算结果和编程的可视化;

(3)友好的用户界面及接近数学表达式的自然化语言,易于用户学习掌握;

(4)功能丰富的应用工具箱,如图像处理工具箱、信号处理工具箱、通信工具箱等,为用户提供了大量方便实用的处理工具。

MATLAB 用法简单、灵活、程式结构性强、延展性好,已经逐渐成为科技计算、视图交互系统和程序中的首选语言工具,特别是它在线性代数、数理统计、自动控制、数字信号处理、动态系统仿真等方面表现突出,且使用起来比其他程序设计语言容易,已成为科研工作人员和工程技术人员进行科学研究和生产实践的有力工具。

MATLAB 在许多专业领域都开发了功能强大的模块集和工具箱。一般来说,它们都是由特定领域的专家开发的,用户可以直接使用工具箱学习、应用和评估不同的方法,不需要自己编写代码。目前,MATLAB 已经将工具箱延伸到了科学研究和工程应用的诸多领域,如数据采集、数据库接口、概率统计、样条拟合、优化算法、偏微分方程求解、神经网络、小波分析、信号处理、图像处理、系统辨识、控制系统设计、LMI 控制、鲁棒控制、模型预测、模糊逻辑、金融分析、地图工具、非线性控制设计、实时快速原型及半物理仿真、嵌入式系统开发、定点仿真、DSP 与通信、电力系统仿真等,都在工

具箱中有了自己的一席之地。用户也可以将自己编写的实用程序导入
MATLAB函数库中，方便自己以后调用。此外，许多MATLAB爱好者都
编写了一些经典的程序，用户可以直接下载使用。

MATLAB软件启动时，界面上会标注软件名称、版本号、适用的操作系统位数、发布时间及许可号、版权信息等，如图1.1所示。不同版本界面有所不同。

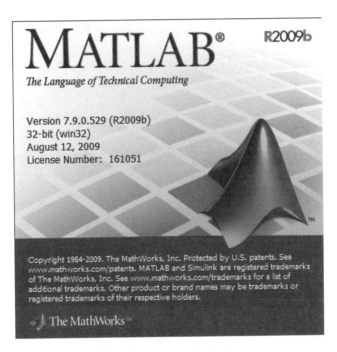

图1.1　MATLAB软件启动界面

二、MATLAB工作环境

通常情况下，MATLAB的工作环境主要由命令窗口（Command Window）、当前路径窗口（Current Directory）、工作空间（Workspace）、命令历史窗口（Command History）、图形窗口（Figure）和文本编辑窗口（Editor）组成。MATLAB工作界面如图1.2所示。

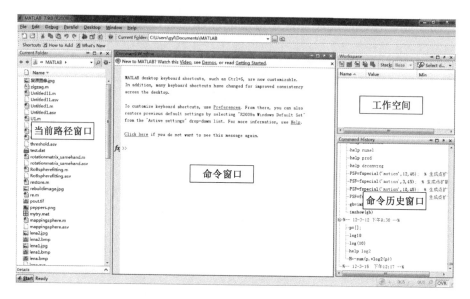

当前路径窗口

命令窗口

工作空间

命令历史窗口

图 1.2　MATLAB 工作界面

1. 命令窗口(Command Window)

MATLAB 命令窗口是用户和 MATLAB 系统交互的主要窗口。在命令窗口中,用户可以运行函数、执行 MATLAB 的基本操作命令以及设置 MATLAB 系统的参数等。同时可以显示命令执行的结果(图形除外)。

(1) 当命令窗口中出现提示符"≫"时,表示 MATLAB 已经准备就绪,可以输入命令、变量或运行函数。提示符总是位于行首。

(2) 在输入每个指令行后要按回车键,才能使指令被 MATLAB 执行。

2. 工作空间(Workspace)

工作空间用于保存 MATLAB 变量的信息(图 1.3)。在工作空间可以对变量进行查询、编辑、保存和删除等操作。双击变量名,可以查看变量内容,并对其进行修改,如图 1.4 所示。

保存在工作空间中的自定义变量,直到使用了"clear"命令清除工作空间或关闭了 MATLAB 系统才被清除。

在命令窗口中键入"whos"命令,可以显示保存在工作空间中的所有变

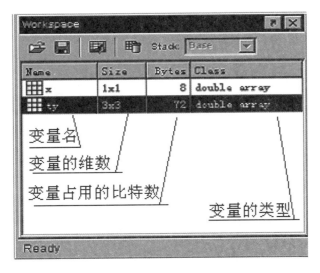

图 1.3　工作空间界面

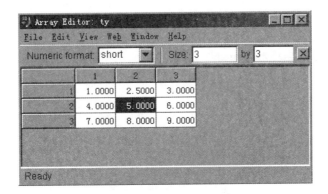

图 1.4　变量的查看与修改

量的名称、大小、数据类型等信息,如果键入"who"命令,则只显示变量的名称。

3. 命令历史窗口 (Command History)

命令历史窗口主要用于记录用户每一次启动 MATLAB 的时间以及曾经在命令窗口执行过的命令。命令历史窗口中的指令可以被复制到命令窗口重新运行,双击可直接运行该命令。

如果要清除历史命令记录,可以选择"Edit"菜单中的"Clear Command History"项。

4. 当前路径窗口(Current Directory)

当前路径窗口也称当前目录窗口,主要显示当前工作在什么路径下。当前目录指的是 MATLAB 运行文件时的工作目录。只有在当前目录或搜索路径下的文件及函数才可以被运用或调用,如果没有特殊指明,数据文件也将存储在当前目录下。

如果要建立自己的工作目录,在运行文件前必须将该文件所在目录设置为当前目录。通常启动 MATLAB 之后默认的当前路径为…\MATLAB\work,如果不改变当前目录,用户自己的工作空间和文件都将保存到该目录。

当前路径窗口允许用户对 MATLAB 的路径进行查看和修改,如果修改了路径则会立即生效。

5. M 文件编辑器(Editor)

用 MATLAB 语言编写的程序称为 M 文件,M 文件以".m"为扩展名。M 文件编辑器是 MATLAB 为用户提供的用于编辑 M 文件的程序,如图 1.5所示。

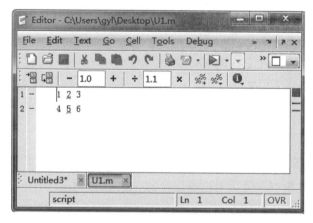

图 1.5　M 文件编辑器

M 文件编辑器可以从命令窗口中选择新建或打开文件按钮进入，也可以在命令窗口中键入"edit"（回车）。

6. MATLAB 图形窗口(Figure)

MATLAB 图形窗口主要用于显示用户所绘制的图形。通常，只要执行了任意一种绘图命令，图形窗口就会自动产生(图 1.6)，绘图都在这个图形窗口中进行。如果要再建一个图形窗口，可键入命令"figure"，MATLAB会新建一个图形窗口，并自动为其排序。

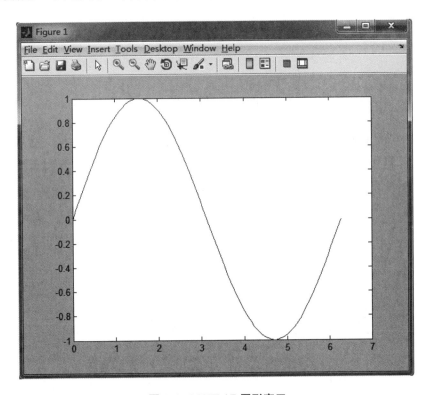

图 1.6　MATLAB 图形窗口

7. MATLAB 帮助系统

MATLAB 语言自带的帮助文档是非常有用的，点击菜单项"Help"，可获取帮助，如图 1.7 所示。

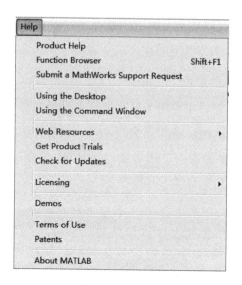

图 1.7 帮助菜单

表 1.1 所列为 MATLAB 常用的窗口帮助命令。

表 1.1 MATLAB 常用的窗口帮助命令

命令名称	说　　明
help	获取在线帮助
demo	运行 MATLAB 演示程序
lookfor	按照指定的关键字查找相关的 M 文件
who	列出当前工作内存中的变量
whos	列出当前工作内存中变量的详细信息
what	列出当前目录或指定目录下的 M 文件、MAT 文件和 MEX 文件
which	显示指定函数和文件的路径
exist	检查指定名字的变量或文件的存在性
type	显示指定函数的代码

help 命令格式如下：

（1）help

说明：不带任何参数，这时将显示 MATLAB 的所有目录项。

（2）help＋目录名

说明：显示出指定目录中的所有命令及其函数。

（3）help＋命令名或 help＋函数名或 help＋符号

说明：显示出有关指定命令、函数、符号的详细信息，包括命令格式及注意事项。

三、MATLAB 通用命令及常用函数

1．通用命令

表 1.2 所列为 MATLAB 的通用命令。

表 1.2　MATLAB 通用命令

命令名称	功　能　说　明
clear	清除内存中所有的或指定的变量和函数
cd	显示和改变当前工作目录
clc	清除 MATLAB 工作窗口中所有显示的内容
clf	清除 MATLAB 图形窗口中的内容
dir	列出当前或指定目录下的子目录和文件清单
disp	在运行中显示变量或文字内容
who	列出内存变量
whos	列出内存变量，同时显示变量维数、字节数、类型等
save	保存变量到文件
load	重新载入变量（从磁盘上）
echo	控制运行的文字命令是否显示
hold	控制当前的图形窗口对象是否被刷新
home	清除命令窗口中所有显示的内容，并将光标移动到命令窗口左上角
quit	关闭并退出 MATLAB
type	显示指定文件的全部内容
exit	退出 MATLAB

2．常用函数

1）MATLAB 内部常数

表 1.3 所列为 MATLAB 中的内部常数。

表 1.3　MATLAB 中的内部常数

常数名称	说　明
eps	浮点相对精度
exp	自然对数底数 e
i 或 j	基本虚数单位
inf 或 Inf	无限大，如 $1/0$
pi	圆周率 π
nan 或 NaN	非数值（Not a number），如 $0/0$
realmax	系统所能表示的最大数值
realmin	系统所能表示的最小数值
nargin	函数的输入变量个数
nargout	函数的输出变量个数
lastwarn	存放最新的警告信息
lasterr	存放最新的错误信息

2）MATLAB 常用基本数学函数

表 1.4 所列为 MATLAB 常用基本数学函数。

表 1.4　MATLAB 中基本数学函数

函数名称	说　明
sqrt(x)	开平方
angle(z)	复数 z 的相角
imag(z)	复数 z 的虚部
real(z)	复数 z 的实部
conj(z)	复数 z 的共轭复数

函数名称	说　　明
rem(x,y)	求 x 除以 y 的余数
exp(x)	自然指数
pow2(x)	2 的指数
log2(x)	以 2 为底的对数
log10(x)	以 10 为底的对数
sign(x)	符号函数 当 x=0 时,sign(x)=0; 当 x>0 时,sign(x)=1; 当 x<0 时,sign(x)=-1
abs(x)	纯量的绝对值或向量的长度
rats(x)	将实数 x 化为分数表示
rat(x)	将实数 x 化为多项分数展开
round(x)	四舍五入至最近整数
fix(x)	无论正负,舍去小数至最近整数
ceil(x)	上取整,即加入正小数至最近整数
floor(x)	下取整,即舍去正小数至最近整数
lcm(x,y)	整数 x 和 y 的最小公倍数
log(x)	以 e 为底的对数,即自然对数
gcd(x,y)	整数 x 和 y 的最大公因数

3）MATLAB 常用三角函数

表 1.5 所列为 MATLAB 中常用的三角函数。

表 1.5　MATLAB 中常用的三角函数

函数名称	说　　明
sin(x)	正弦函数
asin(x)	反正弦函数
cos(x)	余弦函数

函数名称	说　　明
acos(x)	反余弦函数
tan(x)	正切函数
atan(x)	反正切函数
sinh(x)	双曲正弦函数
atan2(x,y)	四象限的反正切函数
cosh(x)	双曲余弦函数
tanh(x)	双曲正切函数
atanh(x)	反双曲正切函数
acosh(x)	反双曲余弦函数
asinh(x)	反双曲正弦函数

4）关于向量的常用函数

表 1.6 所列为 MATLAB 中有关向量的常用函数。

表 1.6　MATLAB 中有关向量的常用函数

函数名称	说　　明
max(x)	向量 x 的元素的最大值
min(x)	向量 x 的元素的最小值
median(x)	向量 x 的元素的中位数
mean(x)	向量 x 的元素的平均值
std(x)	向量 x 的元素的标准差
diff(x)	向量 x 相邻元素的差
length(x)	向量 x 的元素个数
sort(x)	对向量 x 的元素进行排序
sum(x)	向量 x 的元素总和
norm(x)	向量 x 的欧氏长度
cumsum(x)	向量 x 的累计元素总和
cumprod(x)	向量 x 的累计元素总乘积

函数名称	说　明
prod(x)	向量 x 的元素总乘积
cross(x，y)	向量 x 和 y 的外积
dot(x，y)	向量 x 和 y 的内积

四、MATLAB 运算

1. MATLAB 的运算符

1）算术运算符

MATLAB 的算术运算符合通常的四则运算规则,算术运算符及示例列于表 1.7。

表 1.7　算术运算符及示例

运算	MATLAB 运算符	数学表达式	MATLAB 表达式	说明
加	＋	a＋b	a＋b	两个向量相加
减	－	a－b	a－b	9－2
乘	＊	a×b	a＊b	6＊5
除	/（右除）或\（左除）	a÷b	a/b 或 b\a	9/3 或 3\9
幂	∧	a∧b	a∧b	2∧3

注:右除相当于普通的除法。

2）关系运算符

关系运算符及其含义列于表 1.8。

表 1.8　关系运算符及其含义

关系运算符	＜	＜＝	＝＝	＞	＞＝	～＝
含义	小于	小于等于	全等于	大于	大于等于	不等于

关系运算的结果仅为 0 和 1。

[例1]

```
≫a = 3>=10↙
a =
    0
```

[例2]

```
≫A =[1, 2, 3; 4, 5, 6]; B = 4 * ones(2,3); ↙
          B<= A↙
ans =
        0    0    0
        1    1    1
```

3）逻辑运算符

逻辑运算符及其含义列于表1.9。

表1.9　逻辑运算符及其含义

逻辑运算符	&			~
含义	与运算	或运算	非运算

逻辑运算的结果仅为0和非0(1)。

[例3]

```
≫A =[0, 2, 3, 4; 1, 3, 5, 0]; B =[1, 0, 5, 3; 1, 5, 0, 5];↙
          A&B↙
ans =
        0    0    1    1
        1    1    0    0
```

2. MATLAB 矩阵创建

MATLAB的基本数据单位是矩阵。在MATLAB中,矩阵可以下面几种形式出现,如表1.10所列。

表 1.10 矩阵形式

矩阵形式	含　义	示　　例
1×1 矩阵	标量	a＝6
1×N 矩阵	行向量	b＝[1，2，3]
N×1 矩阵	列向量	c＝[1；2；3]
N×N 矩阵	方阵	d＝[1，2；3，4]
M×N 矩阵	一般矩阵	e＝[1，2，3；4，5，6]

1) MATLAB 创建矩阵的原则

在 MATLAB 中创建矩阵应遵循以下原则：

① 矩阵的元素必须在方括号"[ ]"中。

② 矩阵的同行元素之间用空格或逗号","分隔。

③ 矩阵的行与行之间用分号";"或回车符分隔。

④ 矩阵的尺寸不必预先定义。

⑤ 矩阵元素可以是数值、变量、表达式或函数。如果矩阵元素是表达式,系统将自动计算出结果。

2) MATLAB 创建矩阵的方法

(1) 直接输入法：在命令窗口按创建规则输入。

[例 1] 在命令窗口创建简单的数值矩阵：

≫A＝[1 3 2；3 1 0；2 1 5]

回车后在命令窗口显示如下结果：

```
A =

     1     3     2

     3     1     0

     2     1     5
```

[例 2] 在命令窗口创建带运算表达式的矩阵,不显示结果。

$\gg y = [\sin(pi/3), \cos(pi/6); \log(20), \exp(2)];$

输入"y"回车,在命令窗口显示结果。

$\gg y\swarrow$

显示结果为

```
y =
        0.8660      0.8660
        2.9957      7.3891
```

(2) 通过数据文件创建矩阵:导入其他程序创建的数据。

[例3] 用记事本输入一组数据:

```
        1   2   3   4
        2   3   4   5
        4   3   4   5
```

保存为 fort.txt,用 load 命令读入:

$\gg$ load fort.txt$\swarrow$ %如不在当前目录下需输入完整路径

输入 fort 就可以在命令窗口显示创建的矩阵。

$\gg$ fort$\swarrow$

说明:MATLAB 对文本形式的数据文件扩展名无限制,将上述数据文件另存为 fort.1,仍然可以按以上方法导入、应用,如文件名可以定义为 m1.txt或 m1.1。如果文件名命名为 3.txt,1.txt,3.1 等,则结果显示主文件名所用的数字。

(3) 通过 M 文件创建矩阵。

先将矩阵按创建原则写入一个 M 文件中,在 MATLAB 命令窗口或程序中直接运行该 M 文件(输入该 M 文件名),即可将矩阵调入工作空间。如图 1.8 所示。

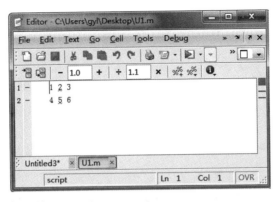

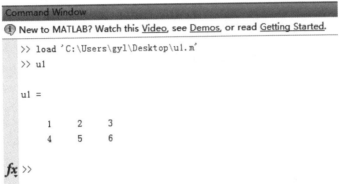

图 1.8　通过 M 文件创建矩阵

（4）利用函数产生矩阵（表 1.11）。

表 1.11　利用函数产生矩阵示例

函　数	含　义	示例
zeros(m, n)	零矩阵	zeros(8)
ones(m, n)	元素均为 1 的矩阵	ones(5, 8)
eye(m)	单位矩阵	eye(8)
randn(m, n)	生成均值为 0，方差为 1 的正态分布随机矩阵	randn(5, 8)

（5）利用增量产生矩阵。

格式一：[初值:终值]——建立增量为 1 的行向量。如：

$x = [1:10]$　（等价于 $x = 1:10$）

格式二：[初值：增量：终值]——按增量建立行向量。如：

    x = [1:0.1:1]

格式三：x = linspace(初值，终值，n)——其中初值和终值分别是向量的第一个和最后一个元素，n 是元素的个数。当 n 缺省时，为 100。如：

    ≫ linspace(1,4,5) ↙

    ans =

    1.0000   1.7500   2.5000   3.2500   4.0000

（6）利用矩阵函数产生矩阵。

diag(A)：返回矩阵 A 对角元素成列向量。

diag(v)：以向量 v 作对角元素创建矩阵。

flipud(A)：矩阵上下翻转。

fliplr(A)：矩阵左右翻转。

rot90(A)：矩阵逆时针翻转 90°。

tril(A)：提取矩阵 A 的下三角矩阵。

triu(A)：提取矩阵 A 的上三角矩阵。

[例 4] ≫ A = [1 2 3；5 7 9；4 2 1]；↙

        diag(A) ↙

    ans =

        1

        7

        1

3. MATLAB 矩阵操作

1）寻访矩阵中的数据

    x = [3 4 5 9 8]   % 生成 1×5 的矩阵 x

    b = x(3)   % 寻访 x 的第 3 个元素

b = x([1 2 5])   % 寻访 x 的第 1,2,5 个元素

b = x(1:3)   % 寻访前 3 个元素

b = x(3:end)   % 寻访第 3 个元素到最后一个元素

b = x(find(x>3))   % 寻找大于 3 的元素构成矩阵

b = x(3:-1:1)   % 由前 3 个数排成矩阵

b = x([1 2 3 4 4 3 2 1])   % 对元素的重复访问

2) 修改数据

x = [1, 2, 3; 4, 5, 6; 7, 8, 9]   % 生成 3×3 的矩阵

b = x(find(x>4))   % 寻找大于 4 的元素构成数组

x(2,2) = 8   % 将第 2 行第 2 列元素值改为 8

x(3,:) = 10   % 将第 3 行的元素值改为 10

x = ones(5)   % 生成一个 5×5 的元素值全为 1
                                    的矩阵

x(2:4, 2:4) = 0   % 将第 2~4 行和第 2~4 列的元
                                    素值改为 0

3) 插入、提取、拉长、置空

插入:x = 4:6; A = [x-3; x; x+3]   % 插入创建新矩阵

提取:B = A(1:2,2:3)   % 提取 A 的部分元素生成
                                    新的矩阵 B

拉长:C = A(:)   % 将 A 拉长成列

置空:A(:,2) = []   % 删除 A 的第 2 列

4) 获取矩阵的大小、长度

A = [3:6; 1:4]   % 生成一个 2×4 的矩阵 A

s = size(A)   % 获取矩阵的行列数,s 为[行数 列数]

[r, c] = size(A)   % 返回 r 为行数,c 为列数

r = size(A, 1)   % 获取行数

```
c = size(A, 2)          % 获取列数
n = length(A)           % 获取行数与列数中的较大者
```

五、MATLAB 绘图

1. 图形窗口

MATLAB 有专门的图形窗口用于绘制图形,如图 1.9 所示。

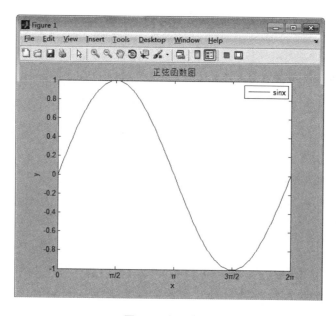

图 1.9　图形窗口

绘图时,可对图形窗口中的坐标轴、刻度、分格线等进行设置。

1) axis 命令

```
axis([1 10, 2 18])
```

设置坐标轴的范围为 x 从 1 到 10,y 从 2 到 18。

2) 刻度设置

```
set(gca, 'Xtick', xs, 'Ytick', ys, 'Ztick', zs)
```

gca 是返回的当前 axes(坐标图)对象的句柄。xs,ys,zs 为任何合法的实数向量,决定 x,y,z 轴的刻度。

3）分格线

grid：是否划分格线的双向切换。

grid on：画出分格线。

grid off：不画分格线。

4）坐标框

box：坐标形式在封闭和开启间切换。

box on：开启。

box off：封闭。

5）图形标识

图名：title('s')。

坐标轴名：xlabel('s'),ylabel('s')。

图例：legend('s1','s2',...)。

注释：text(x,y,'s')。

6）绘图控制

figure(n)：打开第 n 个图形窗口。

clf：清空图形窗口。

hold on：绘图保持。

hold off：取消绘图保持,可将多个图形绘制在同一图形窗口中。

hold：在"hold on"和"hold off"之间切换。

subplot(mnk)：将图形窗口分成 m×n 个子图,在第 k 个子图上绘图。

2. 二维绘图命令

1）绘图函数 plot

格式一：plot(X,'s')

① X 是实向量时,以向量元素的下标为横坐标、元素值为纵坐标,绘制一条连续曲线。

② X 是实矩阵时,按列绘制每列元素值对应其下标的曲线,曲线数目等于 X 矩阵的列数。

③ X 是复数矩阵时,按列分别以元素实部和虚部为横、纵坐标绘制多条曲线。

格式二:plot(X,Y,'s')

① X,Y 是同维向量时,则绘制以 X,Y 元素为横、纵坐标的曲线。

② X 是向量,Y 是有一维与 X 等维的矩阵时,则绘制多根不同颜色的曲线。曲线数等于 Y 的另一维数,X 作为这些曲线的共同坐标。

③ X 是矩阵,Y 是向量时,情况与②类似,Y 作为共同坐标。

④ X,Y 是同维实矩阵时,则以 X,Y 对应的元素为横、纵坐标分别绘制曲线,曲线数目等于矩阵的列数。

格式三:plot(X1,Y1,'s1',X2,Y2,'s2',...)

其中每组(Xi,Yi,'si')同格式二。

s,s1,s2 是用来指定线形、色彩、数据点形的字符串。

2)色彩和线形

绘图时,可自行设计图形的色彩与线条形状。线形和色彩的符号及其含义列于表 1.12。

表 1.12　线形和色彩的符号及其含义

线形	符号	–		:		-.		– –	
	含义	实线		虚线		点画线		双画线	
色彩	符号	b	g	r	c	m	y	k	W
	含义	蓝	绿	红	青	品红	黄	黑	白

有效的组合方式为"色彩＋线形";缺省时,线形为实线,色彩从蓝色开始循环。

3)数据点形和色彩

数据点可以用各种点形及色彩表示,点形和色彩的符号及其含义列于表 1.13。

表 1.13　点形和色彩的符号及其含义

符号	含义	符号	含义	符号	含义	符号	含义
.	实心点	＋	十字符	d	菱形	h	六角星
*	八线符	∧	上三角	o	空心圆	p	五角星
<	左三角	>	右三角	s	方块符	x	叉字符
∨	下三角						

有效的组合方式为"点形"或者"色彩＋点形"。

3. 三维绘图命令

函数 plot3 用来绘制三维曲线,三维曲线是与一组(x, y, z)坐标相对应的点连接而成。

绘图格式如下:

```
plot3(X, Y, Z, 's')
plot3(X1, Y1, Z1, 's1', X2, Y2, Z2, 's2', …)
```

① X, Y, Z 是同维向量时,则绘制以 X, Y, Z 元素为 x, y, z 坐标的三维曲线。

② X, Y, Z 是同维矩阵时,则以 X, Y, Z 对应列元素为 x, y, z 坐标绘制多条曲线,曲线条数等于矩阵的列数。

③ (X1, Y1, Z1, 's1')与(X2, Y2, Z2, 's2')的结构和作用与(X, Y, Z, 's')相同,表示同一指令绘制两组以上曲线。

④ s, s1, s2 的含义与二维曲线中的相同。

4. 其他绘图命令

1) 绘制二维图形的函数

```
bar(x, y, 选项)                              % 生成条形图
stairs(x, y, 选项)                           % 生成阶梯图
stem(x, y, 选项)                             % 生成杆图
fill(x1, y1, 选项 1, x2, y2, 选项 2, …)      % 生成填充图
scatter(x, y)                               % 生成散点图
```

选项包括线形、点形、色彩等，与前面所述意义相同。

2）绘制三维图形的函数

条形图、饼图和填充图等特殊图形还可以以三维形式出现，使用的函数分别是 bar3，pie3 和 fill3。

等高线图分二维和三维两种形式，分别使用函数 contour 和 contour3 绘制。

六、MATLAB 程序设计基础

1. MATLAB 运行方式

MathWorks 公司将 MATLAB 语言称为第四代编程语言，具有程序简洁、可读性强、调试容易、编程效率高以及易移植和维护等优点。MATLAB 有两种工作方式：交互式的命令行工作方式和 M 文件的编程工作方式。

1）交互式的命令行工作方式

交互式的命令行工作方式直接在命令窗口中逐行输入指令，得到结果。

MATLAB 命令行的一般形式为

$$变量＝表达式$$

或

$$表达式（赋值语句）$$

说明：(1) 使用 MATLAB 最简单的方式是将 MATLAB 的命令窗口看作计算器，通过输入数学算式直接计算。如：

```
≫ 3 + 5 * 11 + 45/9 ↙
    ans =
        63
```

(2) 在输入的表达式后面加分号"；"，则运行后结果不会马上显示，必须键入输出变量后才能显示运算结果。如：

≫ 3 + 5 * 11 + 45/9;↙

只显示 MATLAB 提示符 ≫。要得到运算结果，必须

≫ ans↙

才会显示结果。

采用分号悬挂不必要的输出可以提高程序运行速度。

(3) 如果一个表达式很长，可以用续行号"…"将其延续到下一行。如：

≫ 1 + 2 + 3 + 4 + 5 + …↙   ％ 注意加号写在本行

6 + 7 + 8 + 9 + 10↙

则输出结果

ans =

55

如果续行号前面是数字，直接使用续行号会出现错误，对此有三种解决办法：一是设法使续行号前面是一个运算符号，二是先空一格再加续行号，三是再加一个点。

(4) 在一行中也可以写若干个语句，它们之间用逗号","或分号";"隔开。如：

≫ A = [1, 2, 3.3, sin(4)], X = 1966/310 + 1↙

2) M 文件的编程工作方式

M 文件是用 MATLAB 语言编写的可以在 MATLAB 中运行的程序。它是以普通文本格式存储的，因此可以用任何文本编辑软件进行编辑。MATLAB 自带 M 文件编辑器。

M 文件分为脚本文件(script file)和函数文件(function file)两种类型。命令文件没有输入参数，也不返回输出参数；函数文件可以定义输入参数，可以返回输出变量。这两种文件的扩展名相同，均为".m"。

如果输入的命令比较多，可以将这些命令按执行顺序存放在一个 M 文

件中,以后只要在 MATLAB 命令窗口输入该文件的文件名,系统会调入该文件并执行其中的全部命令。这种形式就是 MATLAB 的命令文件。命令文件中的语句可以访问 MATLAB 工作空间的所有变量,而在命令文件执行过程中创建的变量也会一直保留在工作空间中,其他命令或 M 文件都可以访问这些变量。采用 clear 命令可以消除这些变量。

函数文件第一句可执行语句必须以 function 作为引导词定义语句。函数文件中的变量都是局部变量,当函数文件执行结束后,这些变量将被清除。

函数文件基本格式:

function 输出形参表＝函数名(输入形参表)

      注释说明部分

      函数体

这里需要注意的是:

① 函数名的命名规则与变量名相同。

② 输入形参为函数的输入参数,输出形参为函数的输出参数。当输出形参多于 1 个时,应该用方括号括起来。

③ 函数文件的文件名必须是 <函数名>.m。

函数文件编制好后,就可调用函数进行计算。函数调用的一般格式是:

$$［输出实参表］＝函数名(输入实参表)$$

2. MATLAB 文件操作

数据文件操作是一种重要的输入输出方式,即从数据文件读取数据或将结果写入数据文件。MATLAB 提供了一系列低层输入输出函数,专门用于文件操作,包括数据文件的建立、打开、读、写以及关闭等。

文件数据格式有两种形式,一种是二进制文件,另一种是文本文件。MATLAB 系统对这两类文件提供了不同的读写功能函数。

1) 文件的打开与关闭

在打开文件时需要进一步指定文件格式类型,即指定是二进制文件还是文本文件。

（1）打开文件

在读写文件之前，必须先用 fopen 函数打开或创建文件，并指定对该文件进行的操作方式。fopen 函数的调用格式为

　　fid = fopen(文件名，'打开方式')

说明：其中 fid 用于存储文件句柄值，如果返回的句柄值大于 0，则说明文件打开成功。

文件名用字符串形式表示待打开的数据文件。

常见的打开方式如下：

'r'：只读方式打开文件(默认的方式)，文件必须已存在。

'r+'：读写方式打开文件，可以读写数据。文件必须已存在。

'w'：打开文件，写数据。该文件已存在则更新；若不存在，系统会自动创建。

'w+'：打开文件，供读写数据用。该文件已存在则更新；若不存在则创建。

'a'：打开文件，在文件末端添加数据。若文件不存在则创建。

'a+'：打开文件，供读写数据，在文件末端添加数据。若文件不存在则创建。

'W'：打开文件用于写数据，无自动刷新功能。

'A'：打开文件用于添加数据，无自动刷新功能。

此外，在这些字符串后添加一个"t"，如'rt'或'wt+'，则将该文件以文本方式打开；如果添加的是"b"，则以二进制格式打开，这也是 fopen 函数默认的打开方式。

（2）关闭文件

文件在读、写等操作结束后，应及时关闭，以免数据丢失。关闭文件用 fclose 函数，调用格式为

　　sta = fclose(fid)

该语句关闭 fid 所表示的文件。sta 表示关闭文件操作的返回值,若关闭成功,返回 0,否则返回 −1。如果要关闭所有已经打开的文件,可用 fclose('all')。

2) 二进制文件的读写操作

(1) 读二进制文件

读取二进制文件采用 fread 函数,其调用格式为

[A, COUNT] = fread(fid, size, precision)

其中　A——用于存放读取数据的矩阵。

COUNT——返回所读取的数据个数。

fid——二进制文件句柄。

size——可选项,若不选用,则读取整个文件内容;若选用,则它的值可以是下列值之一:N(读取 N 个元素到一个列向量)、inf(读取整个文件)、[M, N](读数据到 M×N 的矩阵中,数据按列存放)。

precision——用于控制所写数据的精度,常用的数据精度有:char, uchar, int, long, float, double 等。缺省数据精度为 uchar,即无符号字符格式。

(2) 写二进制文件

fwrite 函数按照指定的数据精度向二进制文件中写入数据。其调用格式为

COUNT = fwrite(fid, A, precision)

其中　COUNT——返回所写的数据个数(可缺省);

fid——二进制文件句柄;

A——用来存放写入文件的数据;

precision——数据精度,其形式与 fread 函数相同。

[例 1]　将一个二进制矩阵存入磁盘文件中。

```
≫ a = [1 2 3 4 5 6 7 8 9];
≫ fid = fopen('d:\test.bin', 'wb')
                        % 以二进制数据写入方式打开文件
        fid = 3         % 其值大于 0,表示打开成功
≫ fwrite(fid, a, 'double')
        ans = 9         % 表示写入了 9 个数据
≫ fclose(fid)
        ans = 0         % 表示关闭成功
```

3) 文本文件的读写操作

(1) 读文本文件

fscanf 函数可以读取 ASCII 文本文件的内容,并按指定格式存入矩阵。其调用格式为

$$[A, COUNT] = fscanf(fid, format, size)$$

其中　A——数据矩阵,用来存放读取的数据。

　　　COUNT——返回所读取的数据元素个数。

　　　fid——文件句柄。

　　　format——用来控制读取的数据格式,由%加上格式符组成。常见的格式符有:d(整型)、f(浮点型)、s(字符串型)、c(字符型)等。在%与格式符之间还可以插入附加格式说明符,如数据宽度说明等。

　　　size——可选项,决定矩阵 A 中数据的排列形式,它可以取下列值之一:N(读取 N 个元素到一个列向量)、inf(读取整个文件)、[M, N](读数据到 M×N 的矩阵中,数据按列存放)。

(2) 写文本文件

fprintf 函数可以将数据按指定格式写入到文本文件中。其调用格式为

$$fprintf(fid, format, A)$$

其中　fid——文件句柄,指定要写入数据的文件;

　　　format——用来控制所写数据格式的格式符,与 fscanf 函数相同;

　　　A——用来存放数据的矩阵。

[**例 2**]　创建一个字符矩阵并存入磁盘,再读出并赋值给另一个矩阵。

　　≫ a = 'string';

　　≫ fid = fopen('d:\char1.txt', 'w');

　　≫ fprintf(fid, '%s', a);

　　≫ fclose(fid);

　　≫ fid1 = fopen('d:\char1.txt', 'rt');

　　≫ b = fscanf(fid1, '%s')

4) 数据文件定位

MATLAB 提供了与文件定位操作有关的函数 fseek 和 ftell。

fseek 函数用于定位文件位置指针,其调用格式为

　　status = fseek(fid, offset, origin)

其中　fid——文件句柄。

　　　offset——位置指针相对移动的字节数。若为正数,表示向文件尾方
　　　　　　　向移动;若为负数,表示向文件头方向移动。

　　　origin——位置指针移动的参照位置。它的取值有三种可能:

　　　　　　　'cof'表示文件的当前位置;

　　　　　　　'bof'表示文件的开始位置;

　　　　　　　'eof'表示文件的结束位置。

若定位成功,status 返回值为 0,否则返回值为 -1。

ftell 函数返回文件指针的当前位置,其调用格式为

　　position = ftell (fid)

返回值为从文件开始到指针当前位置的字节数。若返回值为 -1,表示
获取文件当前位置失败。

3. MATLAB 程序设计结构

按照程序设计的观点,任何算法功能都可以通过由程序模块组成的三种基本程序结构(顺序结构、循环结构和选择结构)的组合来实现。

1)顺序结构

按程序语句或模块在执行流中的顺序逐个执行。

2)循环结构

按给定的条件重复执行指定的程序段或模块。包括 for-end 和 while-end 两种类型。

(1) for-end

for 循环允许一组命令以固定的或预定的次数重复。

一般形式如下:

```
for v = 表达式        % 通常为一个矢量,形式为 m:s:n
    语句体
end
```

[例]

```
n = 10
for i = 1:n
    x(i) = (i + 1).^2;
end
x✓
```

```
x =
    4 9 16 25 36 49 64 81 100 121
```

(2) while-end

for 循环是以固定次数求一组命令的值,而 while 循环是以不定的次数求一组语句的值。一般形式如下:

```
while 表达式          % 通常为一个矢量,形式为 m:s:n
    语句体
end
```

只要表达式里的所有元素为真,就执行语句体。

3) 选择结构

选择结构按设定的条件实现程序执行流的多路分支,由 if 语句实现。最简单的结构是:

```
if 表达式
    语句体
end
```

如果表达式中的所有元素为真,就执行语句体。

多分支结构如下:

```
if 表达式 1
    语句体 1
elseif 表达式 2
    语句体 2
elseif  ...
        ...
else
    语句体 n
end
```

4) 其他流程控制语句

input 命令:提示用户从键盘输入,并接受该输入。

break 语句:内层语句终止。

pause 命令:暂停程序的执行,等待用户按任意键继续。

keyboard 命令:程序遇到该指令时,MATLAB 会暂停程序的运行,并且调用机器的键盘命令进行处理,一旦处理完成后,输入 return,按回车键,程序将继续运行。M 文件中有了 keyboard 命令之后,便于在程序调试或在程序执行时修改变量。

七、MATLAB 图像处理工具箱

图像处理工具箱是许多函数的集合,它扩展了 MATLAB 数值计算能力。该工具箱支持大量图像处理操作,包括:

① 空间图像变换(Spatial image transformations);

② 形态操作(Morphological operations);

③ 邻域和块操作(Neighborhood and block operations);

④ 线性滤波和滤波器设计(Linear filtering and filter design);

⑤ 格式变换(Transforms);

⑥ 图像分析和增强(Image analysis and enhancement);

⑦ 图像配准(Image registration);

⑧ 清晰化处理(Deblurring);

⑨ 兴趣区处理(Region of interest operations)。

工具箱里的函数都是 M 文件,可以通过"type"加上函数名来查看代码。用户也可以编写程序来扩展自己的 MATLAB 函数工具箱。

1. 基本的图像处理函数

下面结合简单的例子介绍工具箱中一些图像处理函数的使用方法,包括图像的读/写、图像信息获取以及图像显示等。

1) 读图像

imread 函数用于读入各种图像文件。

基本格式一:

```
A = imread(filename, fmt)
```

其中 fmt——指定文件的格式;

A——影像数据阵列。

说明:读取字符串 filename 指定的灰度图像或彩色图像。如果该文件不在当前路径中,或不在 MATLAB 路径中的文件夹下,则应指定文件的完整路径。

基本格式二:

$$[X, Map] = imread(filename, fmt)$$

说明:读取字符串 filename 指定的索引图像。图像数据存储在 X 中,相关的色彩存储在 Map 中。

[例1]　读取图像 lena.bmp

```
clear              % 清除工作空间中的变量
f = imread('C:\Users\gyl\Documents\lena.bmp');
                   % 读取 lena 图像,并将图像数据存储在矩阵 f 中
```

2) 显示图像

imshow 函数用于图像文件的显示,可以显示彩色图像、索引图像、灰度图像和二进制图像。

基本格式:

```
imshow(I)                    % 显示图像 I
imshow(I, [LOW HIGH])
                   % 以指定的灰度范围[LOW HIGH]显示灰度图像 I。小于或
                   等于 LOW 的值显示为黑,大于或等于 HIGH 的值显示为白
```

[例2]

```
I = imread('lena.bmp');
subplot(121), imshow(I);
                   %将图形窗口分为 1 行 2 列,在第 1 列显示图像 I
subplot(122), imshow(I, [64, 128]);
```

显示结果如图 1.10 所示,右边为以指定的灰度范围显示灰度图像 I。

图 1.10　图像的显示

3）检查矩阵 I 的其他信息

基本格式：

```
whos I
```

[例 3]　针对图像 I，输入 whos I，回车，显示如下结果：

Name	Size	Bytes Class	Attributes
I	256×256	65536	unit8

4）读取图像的详细信息

通过调用 imfinfo 函数获得与图像文件有关的信息。

基本格式：

```
imfinfo('FILENAME')
```

其中，FILENAME 是文件名。函数返回的是 MATLAB 的一个结构体。

[例 4]

```
>> imfinfo('C:\Users\gyl\Desktop\lena.bmp')
```

输出结果如下：

```
ans =

                Filename: 'C:\Users\gyl\Desktop\lena.bmp'
             FileModDate: '10-Jun-2009 18:41:54'
                FileSize: 196662
                  Format: 'bmp'
           FormatVersion: 'Version 3 (Microsoft Windows 3.x)'
                   Width: 256
                  Height: 256
                BitDepth: 24
               ColorType: 'truecolor'
         FormatSignature: 'BM'
      NumColormapEntries: 0
                Colormap: []
                 RedMask: []
               GreenMask: []
                BlueMask: []
         ImageDataOffset: 54
        BitmapHeaderSize: 40
               NumPlanes: 1
         CompressionType: 'none'
              BitmapSize: 196608
          HorzResolution: 0
          VertResolution: 0
            NumColorsUsed: 0
       NumImportantColors: 0
```

5) 保存图像

imwrite 函数用于图像的保存。

基本格式:

```
imwrite(A, FILENAME, fmt)
```

功能:将图像 A 以指定的格式 fmt 写入名为 FILENAME 的文件中。

[例] 将图像 lena.bmp 另存为 lena.jpg

```
f = imread('C:\Users\gyl\Documents\lena.bmp');
imwrite (f,'C:\Users\gyl\Documents\lena.jpg');
```

2. MATLAB 所支持的图像类型

在 MATLAB 中,一幅图像可能包含一个数据矩阵,也可能有一个颜色映像表矩阵。MATLAB 支持以下四种图像类型。

1) 真彩色图像

真彩色图像在 MATLAB 中存储为 m×n×3 的数据矩阵。矩阵中的元素定义了每一个像素的 RGB 值,像素颜色由保存在像素位置上的 RGB 强度值组合确定。图形文件格式将 RGB 图像存储为 24 位的图像,R,G,B 分别占 8 位。

MATLAB 的 RGB 数组可以是双精度的浮点类型、8 位或 16 位无符号的整数类型。双精度存储时,亮度值范围是[0, 1]。比较符合习惯的存储方法是无符号整型存储,亮度值范围是[0, 255],如果要读取图像中(100, 50)处的像素值,可查看三元数据(100, 50, 1:3)。

表 1.14 所列为真彩色图像数据类型及存储方式。

表 1.14 真彩色图像存储

数据类型	双精度类(double)（每个元素占 8 个字节）	整数类(unit8)（每个元素占 1 个字节）	整数类(unit16)（每个元素占 2 个字节）
存储方式	数组大小:m×n×3 (:,:,1)——红色分量 (:,:,2)——绿色分量 (:,:,3)——蓝色分量 元素取值:[0, 1] (无调色板)	数组大小:m×n×3 (:,:,1)——红色分量 (:,:,2)——绿色分量 (:,:,3)——蓝色分量 元素取值:[0, 255] (无调色板)	数组大小:m×n×3 (:,:,1)——红色分量 (:,:,2)——绿色分量 (:,:,3)——蓝色分量 元素取值:[0, 65535] (无调色板)

2）索引图像

索引图像包含两个矩阵：一个是颜色映像矩阵 Map，另一个是图像数据矩阵 X。颜色映像矩阵 Map 是按图像中颜色值进行排序后的矩阵，是一个 m×3 的数据矩阵，矩阵的每一行代表一种颜色，3 列分别代表 R，G，B 强度，每个元素的值均为[0，1]之间的双精度浮点型数据（0 代表最暗，1 代表最亮）。在 MATLAB 中，索引图像是从像素值到颜色映像表值的直接映射。像素颜色由数据矩阵 X 作为索引值对矩阵 Map 进行索引。

索引图像数据也有 double，unit8，unit16 三种类型。图像矩阵与颜色映像矩阵之间的关系取决于图像数据矩阵的类型。当图像数据为双精度（double）的数据类型时，值 1 代表调色板中的第 1 行，值 2 代表第 2 行，依此类推；当图像数据为 8 位无符号整型（unit8）或 16 位无符号整型（unit16）时，则存在一个偏移量，即 0 指向颜色映像矩阵中的第 1 行，值 1 代表第 2 行，……。

表 1.15 所列为索引图像数据类型及存储方式。

表 1.15　索引图像数据类型及存储方式

数据类型	双精度类（double）（每个元素占 8 个字节）	整数类（unit8）（每个元素占 1 个字节）	整数类（unit16）（每个元素占 2 个字节）
存储方式	图像数组大小：m×n 图像元素取值：[1，p] 颜色映像矩阵：p×3 颜色映像矩阵元素值：[0，1]	图像数组大小：m×n 图像元素取值：[0，p−1] 颜色映像矩阵：p×3 颜色映像矩阵元素值：[0，1]	图像数组大小：m×n 图像元素取值：[0，p−1] 颜色映像矩阵：p×3 颜色映像矩阵元素值：[0，1]

注：表中 p 为颜色数目。

3）灰度图像

存储灰度图像只需要一个数据矩阵 I，矩阵 I 中的数据代表一定范围内的颜色强度值。矩阵中的数据类型可以是 double 型，也可以是 unit8 或 unit16 的整数类型。大多数情况下，灰度图像很少和颜色映像表一起保存。但在显示灰度图像时，MATLAB 仍然在后台使用系统预定义的默认的灰度颜色映像表。

表 1.16 所列为灰度图像数据类型及存储方式。

表 1.16　灰度图像数据类型及存储方式

数据类型	双精度类(double)（每个元素占 8 个字节）	整数类(unit8)（每个元素占 1 个字节）	整数类(unit16)（每个元素占 2 个字节）
存储方式	图像数组大小：m×n 图像元素值：[0,1]	图像数组大小：m×n 图像元素值：[0,255]	图像数组大小：m×n 图像元素值：[0,65535]

4）二值图像

与灰度图像相同,存储二值图像只需要一个数据矩阵,每个像素的取值为 0 或 1。二值图像可以采用 unit8 或 double 类型存储,工具箱中以二值图像作为返回结果的函数都使用 unit8 类型。

表 1.17 所列为二值图像数据类型及存储方式。

表 1.17　二值图像数据类型及存储方式

数据类型	双精度类(double)（每个元素占 8 个字节）	整数类(unit8)（每个元素占 1 个字节）
存储方式	图像数组大小：m×n 图像元素值：0 或 1	图像数组大小：m×n 图像元素值：0 或 1

第二章 MATLAB 基础实践

实验一 MATLAB 基本操作

一、实验目的

（1）熟悉 MATLAB 工作环境，包括各菜单栏以及各个工具栏的功能；

（2）熟悉 MATLAB 创建矩阵的方法，熟练进行矩阵运算；

（3）熟练掌握 MATLAB 的帮助命令，学会使用 MATLAB 的帮助信息；

（4）掌握 MATLAB 的绘图命令；

（5）掌握 MATLAB 程序设计基本方法，并编写简单的程序。

二、实验仪器设备

计算机、MATLAB 软件、lena.bmp 数字图像。

三、实验内容与步骤

（1）熟悉 MATLAB 工作环境。

① 打开计算机，启动 MATLAB 程序，进入 MATLAB 的工作界面；

② 熟悉 MATLAB 的菜单及各个工具栏的功能。

（2）熟悉在命令窗口创建矩阵，并对矩阵中的元素进行操作。

（3）用 who 和 whos 命令查看当前工作窗口中的变量，并比较二者的区别。

（4）绘制以下二维函数的图像，并尝试改变曲线的颜色和线形。

$$y = 2e^{-5x}\sin(2\pi x) \quad 0 \leqslant x \leqslant 2\pi$$

（5）熟练掌握 MATLAB 的帮助命令，学会利用 MATLAB 的帮助信息。了解 help 命令、type 命令和 lookfor 命令。

用帮助命令查看下面的函数：

① imread——读取图像；

② imwrite——写图像；

③ imhist——显示图像直方图。

（6）熟悉 M 文件编辑器。

图 2.1 所示为打开 M 文件编辑器的方法。图 2.2 所示为打开 M 文件编辑器的界面。

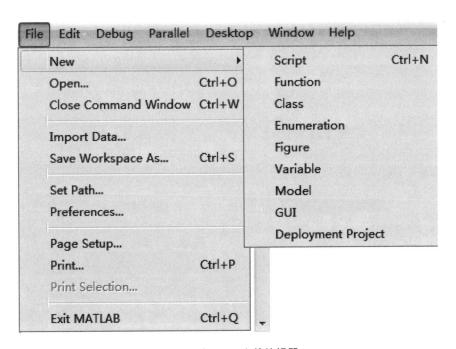

图 2.1　打开 M 文件编辑器

图 2.2　打开 M 文件编辑器的界面

在 M 文件编辑器中编写简单的矩阵运算程序。

四、实验报告

整理实验内容,分析实验结果,撰写并提交实验报告。

实验二　MATLAB 矩阵操作

一、实验目的

（1）熟悉 MATLAB 创建矩阵的方法；

（2）熟练掌握通过全下标或单下标对 MATLAB 中矩阵元素的寻址、访问和修改；

（3）掌握 MATLAB 矩阵的运算，需要特别注意区分矩阵的乘法、除法、幂运算和矩阵的点乘、点除、点幂；

（4）掌握 MATLAB 矩阵的特征值、特征向量、行列式的计算。

二、实验仪器设备

计算机、MATLAB 软件。

三、实验内容与步骤

1. 熟悉 MATLAB 创建矩阵的方法

（1）通过手动输入矩阵每一个元素的方法在命令窗口创建矩阵：

$$A = \begin{bmatrix} 1 & 9 & 4 & 5 \\ 0 & 6 & 3 & 9 \\ 6 & 2 & 8 & 3 \end{bmatrix}$$

（2）创建大小为 3×4 的元素均为 1 的矩阵和元素均为 0 的矩阵，创建大小为 5×6 的元素全部为 11 的矩阵。

（3）创建一个行列元素都为 19 的单位矩阵。

（4）创建一个 3×4 的矩阵，矩阵的元素为在[7, 13]范围内均匀分布的随机数。

（5）创建一个 2×3 的矩阵和一个 2×5 的矩阵，将其拼接成一个 2×8 的矩阵。

（6）创建一个 2×3 的矩阵和一个 4×3 的矩阵，将其拼接成一个 6×3 的矩阵。

（7）对比（5）和（6）的拼接方法。

2. 熟练掌握通过全下标或单下标对 MATLAB 中矩阵元素的寻址、访问和修改

（1）矩阵 A 中元素 5 的全下标是多少？单下标是多少？元素 8 的全下标和单下标分别是多少？

（2）访问矩阵 A 中第 2 行第 3 列的元素，并将其赋值给变量 a。访问矩阵 A 中全下标为 7 的元素，并将其赋值给变量 b。

（3）找到矩阵 A 中所有值为 9 的元素，并将它们都修改为 0，将新的矩阵赋值给矩阵 B。

（4）找到矩阵 A 中所有值为偶数的元素，并将它们都自增 1，将新的矩阵赋值给矩阵 C。

3. 掌握 MATLAB 矩阵的运算

MATLAB 矩阵的运算需要注意区分矩阵的乘法、除法、幂运算和矩阵的点乘、点除、点幂。

（1）计算 A＋B，并将结果赋值给 D1，计算 A－B，并将结果赋值给 D2。

（2）计算 A 的转置矩阵，将其命名为 E，获取 A 的行列数和 E 的行列数，并对比。

（3）计算 A * C，观察 MATLAB 命令窗口显示的内容。

（4）当两个矩阵满足什么条件时，可以进行相乘？

（5）计算 A * E，将结果赋值给 F1，计算 E * A，将结果赋值给 F2。比较 F1 和 F2，论述矩阵相乘是否满足交换律。

（6）当矩阵满足什么条件时，可以进行幂运算？计算矩阵 F1 的 3 次幂矩阵。

(7) 如何判断一个矩阵是否可逆？判断矩阵 F1 是否可逆，如果可逆，求其逆矩阵 G。

(8) 计算矩阵 A 和 B 的点乘、点除和点幂。

(9) 论述矩阵的乘法、除法、幂运算和矩阵的点乘、点除和点幂运算的异同。

4. 掌握 MATLAB 矩阵的特征值、特征向量、行列式的计算

(1) 创建一个 3×3 的矩阵，对角线元素为 13，其他元素都为 0。

(2) 在(1)创建的矩阵的每个元素加上 [2, 5] 范围内均匀分布的随机数。

(3) 通过 help 命令查看 det 和 eig 两个函数的调用方式。

(4) 利用(3)中的函数求(2)中得到的矩阵的行列式、特征值和特征向量。

知识点 特征向量和特征值的定义如下：如果存在向量 x 和参数 λ 使得对于矩阵 A 满足公式 $Ax = \lambda x$，则向量 x 称为矩阵 A 的特征向量，λ 为对应的特征值。

请验证(4)中得到的特征值和特征向量是否满足该公式。

四、实验报告

整理实验内容，分析实验结果，撰写并提交实验报告。

实验三　MATLAB 程序设计

一、实验目的

(1) 熟悉 MATLAB 脚本文件和函数文件；

(2) 熟练掌握脚本文件、函数文件的打开、编写、保存和运行(或调用)；

(3) 熟练掌握 MATLAB 程序的顺序结构、循环结构和选择结构；

(4) 熟悉一些其他程序流程控制命令；

(5) 熟练掌握 MATLAB 程序的调试。

二、实验仪器设备

计算机、MATLAB 软件。

三、实验内容与步骤

1. 熟练掌握脚本文件的新建、编写、保存和运行

(1) 新建一个 M 文件。

(2) 在其中编写命令，该命令在命令窗口中显示语句"Hello，World!"和语句"我会用 MATLAB 编程。"。

(3) 将其命名为"test"保存到 MATLAB 的当前路径。

(4) 在命令窗口调用该脚本文件，并观察结果。

2. 熟练掌握函数文件的新建、编写、保存和运行

(1) 编写一个名为"area"的函数，该函数的输入为一个正实数，输出为以该正实数为半径的球面面积。

(2) 将该函数保存到 D 盘根目录下的 MATLAB 程序文件夹路径下。

(3) 地球是一个不规则的球体，平均半径为 6 371 km，调用该函数估计地球的表面积。

3. 熟练掌握 MATLAB 程序的顺序结构

编写一个名为"groupnumber"的脚本文件,运行该文件可实现以下目的:

(1) 输入学号,将其赋值给变量 studentnumber。

(2) 提取学号的最后 2 位,赋值给变量 number。

(3) 计算 number 被 7 整除的余数,将值自增 1,赋给变量 groupnumber。

(4) 在命令窗口显示以下字符串:

"你的学号是:"studentnumber,"你被分在第" groupnumber"组"。

4. 熟练掌握 MATLAB 程序的循环结构

编写一个名为"factorial"的函数,该函数的输入是一个自然数 n,输出为 n 的阶乘,调用该函数计算 18!。

5. 熟练掌握 MATLAB 程序的选择结构

一元二次方程的标准形式为:$ax^2+bx+c=0$。

编写一元二次方程求根的函数"root2",该函数的输入是 a,b,c 的具体数值,该函数首先判断这个方程有几个实数根,并在命令窗口输出字符串提示该方程的实数根个数,然后在命令窗口分别列出所有的实根。调用该函数求方程 $3x^2+7x+1=0$ 的实数根。

6. 熟练掌握 MATLAB 程序的调试

利用 MATLAB 的调试工具 Debugger 对以上编写的所有代码进行调试,确保代码正确。

四、实验报告

整理实验内容,分析实验结果,撰写并提交实验报告。

实验四　MATLAB 数据分析

一、实验目的

（1）熟悉 MATLAB 中数据的格式、数据的存储路径；

（2）掌握数据的读入和输出；

（3）掌握数据的基本统计分析命令。

二、实验仪器设备

计算机、MATLAB 软件、mul. bmp 彩色数字影像和 pan. bmp 黑白数字影像。

三、实验内容与步骤

1. Workspace 与数据的格式

（1）在命令窗口创建矩阵 $A = \begin{bmatrix} 1 & 9 & 4 & 5 \\ 0 & 6 & 3 & 9 \\ 6 & 2 & 8 & 3 \end{bmatrix}$。

（2）在 Workspace 窗口查看变量名、数据值、最大值和最小值。

（3）查看当前路径,将矩阵 A 保存到当前路径,并将数据文件命名为"testd"。

（4）打开当前路径下的文件夹,查看文件夹下的文件格式。

（5）清除 Workspace 中的所有数据。

（6）读入 testd,查看 Workspace。

2. 数据的读入和显示

读入一幅名为"mul. bmp"的彩色影像数据,将数据赋值给 Imul,读取一幅名为"pan.bmp"的彩色影像数据,将数据赋值给 Ipan。

3. 数据的基本统计分析

(1) 通过"size"命令,分析矩阵 Imul 和 Ipan 的行列数、波段数和元素个数。

(2) 通过 MATLAB 的帮助命令,查看 MATLAB 计算均值的函数"mean"的说明,利用该函数计算矩阵 Ipan 的均值,比较 mean(Ipan,1)和 mean(Ipan,2)的区别。

(3) 通过 MATLAB 的帮助命令,查看最大值"max"、最小值"min"的帮助文件,计算矩阵 Ipan 的最大值和最小值(可以在 Workspace 窗口直接读取最大值和最小值),比较 min(Ipan,1)和 min(Ipan,2)的区别,max(Ipan,1)和 max(Ipan,2)的区别。

(4) 通过"max"函数找到矩阵 Ipan 中灰度值最大的像元的位置(行列号),对应在 pan.bmp 中找到该位置,分析该像元的亮度是否为影像中最亮。

(5) 利用"min"函数找出矩阵 Ipan 中灰度值最小的像元位置,对比 pan.bmp 中该位置像元的亮度。

(6) 通过 MATLAB 的帮助命令,查看方差"var"、标准差"std"的帮助文件,计算矩阵 Ipan 的方差和标准差,比较 var(Ipan,1)和 var(Ipan,2)的区别,std(Ipan,1)和 std(Ipan,2)的区别。

(7) 查看直方图"hist"的用法,画出影像 Ipan 的直方图。

4. 数据的输出

(1) 对影像 pan.bmp 进行灰度反转(即原来亮的地方变暗,暗的地方变亮),具体操作为:用矩阵 Ipan 的灰度最大值减去每个像元的灰度值,将得到的新数据记为 Invpan,并保存为".bmp"格式,名称为"Invpan.bmp",保存到 D 盘根目录的"MATLAB 数据"文件夹下。

(2) 打开 Invpan.bmp,将其与 pan.bmp 对比分析。

四、实验报告

整理实验内容,分析实验结果,撰写并提交实验报告。

实验五 MATLAB 数据可视化

一、实验目的

(1) 熟练掌握二维数据的可视化命令；

(2) 熟练掌握图形的样式及标记属性的设置和修改；

(3) 熟练掌握图形的坐标、名称、标注等设置和修改；

(4) 掌握特殊二维图形的绘制。

二、实验仪器设备

计算机、MATLAB 软件、sample.mat 散点数据。

三、实验内容与步骤

(1) 绘制函数 $y = \sin(x) + \cos(x)$ 在 $[0, 2 * pi]$ 区间的曲线图，首先产生一组离散的二维数：

$$x = 0:0.1 * pi:2 * pi$$

$$y = \sin(x) + \cos(x)$$

(2) 绘制函数图形（提示：调用 plot 函数）。

(3) 设置曲线的样式为：数据点形为星号，点的颜色为红色，点的大小为10；线形为点画线，线的颜色为蓝色，线宽为2。

(4) 设置横坐标为"角度"，字体为黑体，字体大小为 10，横坐标范围为 $[-pi, 3 * pi]$；纵坐标为"函数值"，字体为黑体，字体大小为 10，纵坐标范围为 $[-2, 2]$。

(5) 在图形窗口插入标注"$y = \sin(x) + \cos(x)$"，标注字体大小为 12，标注的位置坐标为 $[pi, 1.5]$。

(6) 读取 sample.mat 散点数据,设计一个 3×1 的多子图:

第一行的子图绘制该散点数据,数据点形为菱形,点为黑色,点的大小为 8,在图形空白处插入标注"散点数据";

第二行绘制该散点数据的最小二乘拟合直线,线形为虚线,颜色为红色,线宽为 1,在图形空白处将直线方程作为标注插入;

第三行将散点和直线叠加在一起显示(提示:利用 hold on 命令叠加多图),在图形空白处插入标注"最小二乘直线拟合实例"。

知识点 最小二乘直线拟合是找到一条直线,使所有散点距离该直线距离的平方和最小。散点数据的坐标为 (x_i, y_i),一共有 N 个点,令

$$\bar{x} = \frac{1}{N} \sum_{i=1}^{N} x_i, \quad \bar{y} = \frac{1}{N} \sum_{i=1}^{N} y_i,$$
$$\overline{x^2} = \frac{1}{N} \sum_{i=1}^{N} x_i^2, \quad \overline{xy} = \frac{1}{N} \sum_{i=1}^{N} x_i y_i \tag{2.1}$$

则直线方程为

$$y = ax + b \tag{2.2}$$

式中,$a = \dfrac{\overline{xy} - \bar{x} \times \bar{y}}{\overline{x^2} - \bar{x}^2}, b = \bar{y} - a\bar{x}$。

(7) MATLAB 还可以通过图形的属性窗口"Figure Properties"修改图形的属性值。在生成的 Figure 图形界面,选择 Edit→Figure Properties,出现图 2.3 所示界面,点击图形中的点、线、坐标轴、图名、标注等对象,可以对它们的属性值分别进行修改。点击"More Properties"可以对整个图形的所有参数进行修改。

利用"Figure Properties"修改步骤(6)中的图形,使其布局更为合理,图形更加美观清晰。

(8) 绘制统计图:某家商店一年 4 个季度的营业额分别为 10,6,7,9(单位:万元),分别绘制饼状图、柱状图、离散数据序列来表示(提示:调用函数命令分别为 pie\bar\stem)。

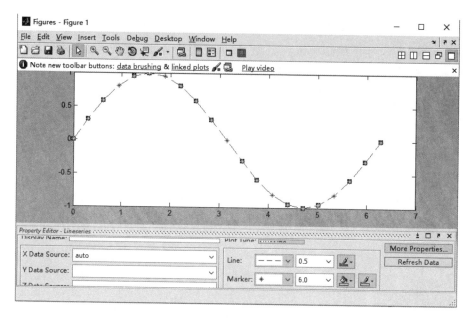

图 2.3 图形属性修改窗口

四、实验报告

整理实验内容,分析实验结果,撰写并提交实验报告。

第三章 MATLAB 数字图像处理实践

本章主要介绍数字图像处理基础知识,以 MATLAB 为基础,实现相关的图像处理操作。

实验一 MATLAB 图像处理基础

MATLAB 具有强大的图像处理工具箱,有助于人们更好地理解各种图像处理算法并实现对图像的处理操作。通过调用工具箱中的函数,可以简化编程,减少程序的复杂性。本次实验主要掌握 MATLAB 中的一些基本图像操作函数,包括图像的输入、图像的显示、查看图像属性、改变图像大小、获取图像的统计信息、保存等功能。

一、实验目的

(1) 进一步加强对 MATLAB 数字图像处理工作环境的认识;

(2) 理解图像处理的相关函数,掌握其用法;

(3) 掌握文件操作函数;

(4) 掌握 MATLAB 的帮助命令,学会使用 MATLAB 的帮助功能;

(5) 掌握 MATLAB 程序设计基本方法,通过编程实现简单的图像处理。

二、实验基础

1. 图像处理的相关函数

MATLAB 提供了多种图像处理函数,表 3.1 所列为图像处理函数及其功能。

表 3.1　图像处理函数及其功能

函数名	功　能	函数名	功　能
imread	读取图像	imshow	图像显示
imwrite	保存图像	colorbar	显示颜色条
imfinfo	获取图像信息	subimage	多图显示
imresize	改变图像尺寸	imcrop	剪切图像
imrotate	图像缩放	imhist	显示图像灰度直方图
mean	计算图像均值	figure	打开图像窗口
std2	计算图像标准差	warp	纹理映射
corr2	计算相关系数		

2. 文件操作函数

表 3.2 所列为文件操作函数及其功能。

表 3.2　文件操作函数及其功能

函数名	功　能	函数名	功　能
fopen	打开文件	fread	读二进制文件
fclose	关闭文件	fwrite	写二进制文件
fscanf	读文本文件	fprintf	写文本文件
feof	测试指针是否在文件结束位置	fseek	设定文件指针位置
frewind	重设指针至文件起始位置	ftell	获取文件指针位置

3. 图像灰度直方图

图像灰度直方图是灰度级的函数,描述图像中每种灰度级像素个数或频率。横坐标是灰度级,纵坐标是每一灰度级具有的像元数目或灰度级出现的频率。

灰度级的频率计算公式为

$$v_i = \frac{n_i}{n} \tag{3.1}$$

式中,n_i 为灰度级 i 的出现次数;n 为像元总数。

三、实验内容与步骤

1. 巩固 MATLAB 工作环境

(1) 打开计算机,启动 MATLAB 程序,进入 MATLAB 的工作界面。

(2) 熟悉 MATLAB 的菜单及各个工具栏的功能。

(3) 熟悉表 3.1 提供的 MATLAB 图像处理函数。

2. 文件操作

(1) 建立数据文件 test.dat,用于存放矩阵 A 的数据。

```
A = [1 2 3; 4 5 6; 7 8 9];
fid = fopen('test.dat', 'w');
cnt = fwrite(fid, A, 'float');
fclose(fid)
```

(2) 读取文件 test.dat 的内容。

```
fid = fopen('test.dat', 'r')
[B, cnt] = fread(fid, [5, inf], 'float');
fclose(fid)
```

(3) 文件定位。

```
a = 1:5;
fid = fopen('fdat.txt', 'w');
fwrite(fid, a, 'int16');
                % 将 a 中的元素以双字节整型写入文件 fdat.txt 中
status1 = fclose(fid);
```

```
fid = fopen('fdat.txt', 'r');
status2 = fseek(fid, 6, 'bof');
                        % 将文件指针从开始位置向尾部偏移 6 个字节
four = fread(fid, 1, 'int16');
position = ftell(fid);
eight = fread(fid, 1, 'int16');
```

3. 图像基本操作

（1）读入并显示一幅图像。

```
clear;
close all;
I = imread('lena.bmp');          % 读取图像数据
I1 = imwrite(I,'lena.jpg');      % 将图像另存为 jpg 格式
imshow(I);
```

（2）对图像进行一些基本操作。

```
clear;
close all;
I = imread('lena.bmp');          % 读取图像数据
I1 = imresize(I, 0.5);           % 图像缩小为原来的一半
I2 = rgb2gray(I);                % 将彩色图像转换为灰度图像
I3 = imrotate(I, 45);            % 对图像进行旋转
Figure                           % 打开新的图形窗口
subplot(221), imshow(I);
                % 将图形窗口分为 2 行 2 列,在第 1 块中显示图像
subplot(222), imshow(I1);
subplot(223), imshow(I2);
subplot(224), imhist(I3);
```

4. 编程

(1) 编写函数文件,计算式(3.2):

$$f(x) = \begin{cases} x^2, & x > 1 \\ 1, & -1 < x \leqslant 1 \\ 3 + 2x, & x \leqslant -1 \end{cases} \qquad (3.2)$$

(2) 用 MATLAB 语言编写统计一幅灰度图像的直方图,并在同一个图形窗口中显示该图像及其灰度直方图。

四、实验报告

整理实验内容,分析实验结果,撰写并提交实验报告。

实验二 数字图像的傅里叶变换

图像变换是数字图像处理中常用的技术，是指将图像从空间域转换至其他域（如频率域）的数学变换。在图像增强、图像复原、图像压缩编码等数字图像处理中，都会用到图像变换技术，其中傅里叶变换（Fourier Transform）是数字图像处理中最常用的一种变换。

一、实验目的

（1）通过编程进一步加深对图像傅里叶变换的理解；

（2）计算离散图像的傅里叶变换；

（3）掌握图像的傅里叶频谱图及离散傅里叶变换性质；

（4）掌握 MATLAB 中的傅里叶变换函数；

（5）实现数字图像的傅里叶变换与逆变换。

二、实验基础

图像的傅里叶变换是将图像从空间域转换到频率域的变换，其逆变换是将图像从频率域转换到空间域的变换。傅里叶变换的物理意义是将图像的灰度分布函数变换为图像的频率分布函数，傅里叶逆变换的物理意义是将图像的频率分布函数变换为灰度分布函数。图像的频率是表征图像中灰度变化剧烈程度的指标，是灰度在平面空间上的梯度。如果灰度变化剧烈，则对应的频率值高；对于灰度变化缓慢的区域，对应的频率值较低。

傅里叶变换时需注意以下几点：

（1）图像经过二维傅里叶变换后，其变换系数矩阵表明：若变换矩阵的原点设在中心，其频谱能量集中分布在变换系数矩阵的中心附近；若所用的二维傅里叶变换矩阵的原点设在左上角，那么图像信号能量将集中在系数矩阵的四个角上。这是由二维傅里叶变换本身的性质决定的。同时也表明一般图像能量集中在低频区域。

（2）变换之后的图像在原点平移之前四角是低频、最亮，平移之后中间部分是低频、最亮，亮度大说明低频的能量大（幅角比较大）。

对于数字图像 $f(x, y)$，其二维离散傅里叶正变换公式如下：

$$f(u, v) = \sum_{x=0}^{M-1} \sum_{y=0}^{N-1} F(x, y) e^{-j2\pi(\frac{ux}{M} + \frac{vy}{N})} \tag{3.3}$$

$$x = 0, 1, 2, \cdots, M-1; y = 0, 1, 2, \cdots, N-1$$

逆变换公式为

$$F(x, y) = \frac{1}{MN} \sum_{u=0}^{M-1} \sum_{v=0}^{N-1} f(u, v) e^{j2\pi(\frac{ux}{M} + \frac{vy}{N})} \tag{3.4}$$

$$u = 0, 1, 2, \cdots, M-1; v = 0, 1, 2, \cdots, N-1$$

在 MATLAB 中，二维傅里叶变换可以利用图像处理工具箱中的相关函数完成。MATLAB 中相关函数如表 3.3 所列。

表 3.3　傅里叶变换相关函数

函数名	作　用
fft2	二维傅里叶正变换
ifft2	二维傅里叶逆变换
fftshift	将傅里叶变换原点移到中心
ifftshift	fftshift 的逆变换

三、实验仪器及设备

计算机、MATLAB 图像处理软件、数字图像 lena.bmp。

四、实验内容及步骤

（1）查看 MATLAB 工具箱中二维傅里叶变换的相关函数。

利用 help 命令及 type 命令查看相关函数的帮助及代码。此外，进一步掌握 imread 和 imshow 函数的用法。

（2）利用 MATLAB 对图像进行离散傅里叶变换。

图像一：一幅简单的数字图像。

生成一幅大小为 512×512 的黑色背景中间叠加一个尺寸为 40×40 的白色矩阵的图像。

图像二：lena.bmp。

对于给出一幅图像，其傅里叶变换程序如下：

```
clc, clear
I = imread('图像名');              % 读入原始灰度图像
j = fft2(I);                      % 进行傅里叶变换
k = fftshift(j);
L = log(1 + abs(k));              % 对数变换，增强灰度级的细节
subplot(121), imshow(I);          % 显示原始图像
subplot(122), imshow(L, []);      % 显示傅里叶变换图像
```

查看分析图像的傅里叶频谱图。

（3）通过实验加深对傅里叶变换平移性质、尺度变换性质、旋转特性等性质的理解。

五、实验报告

整理实验内容，分析实验结果，撰写并提交实验报告。

实验三　图像增强

图像增强是为了改善图像视觉效果或便于人和机器对图像的理解和分析,根据图像的特点或存在的问题有选择地突出某些感兴趣的信息、抑制一些无用的信息,以便于后续图像处理。图像增强既可在空间域中完成,也可在频率域中完成。

一、实验目的

(1) 了解图像增强的目的;

(2) 掌握图像的灰度变换增强;

(3) 掌握基于直方图的图像增强方法;

(4) 掌握图像平滑增强处理;

(5) 掌握图像锐化增强处理;

(6) 进一步加强 MATLAB 程序设计能力;

(7) 编程实现图像增强并观察增强效果。

二、实验基础

利用 MATLAB 对图像进行增强,可以借助图像处理工具箱通过编程完成图像处理。MATLAB 工具箱中提供了大量的图像处理函数,方便编程。

1. 灰度变换增强

imadjust 函数可以实现图像线性变换,增强对比度。

2. 基于直方图的图像增强

通过对图像灰度直方图的修正达到改善图像质量的效果。在 MATLAB 中,通过 imhist 函数计算并产生图像的直方图,通过 histeq 函数进行图像的直方图均衡化处理。

3. 图像的平滑处理

为抑制噪声、改善图像质量所做的处理称为图像平滑或去噪，既可在空间域中进行，也可在频率域中进行。图像平滑处理可采用空间域中的邻域运算和频率域中的低通滤波。

图像空间域平滑处理中最常用的是均值平滑和中值滤波。

1）均值平滑

均值平滑是用窗口像素的平均值取代中心像素原来的灰度值，计算式如下：

$$g(i,j) = \frac{1}{K} \sum_{m,n \in s} f(m,n) \tag{3.5}$$

式中　$g(i,j)$——中心像素处理后的灰度值；

K——模板中心像素邻域的像素个数，常用的邻域有 4 - 邻域和 8 - 邻域；

$f(m,n)$——原像素灰度值。

2）中值滤波

中值滤波是将模板中的元素由小到大进行排列，选取中间值代替模板中心对应元素作为输出值。中值滤波对椒盐噪声效果好。模板大小一般为奇数，去噪效果与模板尺寸有关。

MATLAB 提供的 imfilter 函数、medfilt2 函数等可用于图像平滑。

4. 图像的锐化处理

图像锐化处理是改善图像视觉效果的手段之一，同时能对图像的轮廓或边缘进行增强。图像锐化处理可采用空间域中的邻域运算和频率域中的高通滤波实现。

空间域中常借助梯度算子和拉普拉斯算子实现，包括 Prewitt 算子、Sobel 算子、Canny 算子等。

图像增强用到的函数有：

imnoise 函数：给图像加入噪声。

filter2 函数:二维滤波。

conv2 函数:二维卷积运算。

imfilter 函数:多维滤波。

medfilter2 函数:二维中值滤波。

fspecial 函数:创建预定的二维滤波算子。

三、实验仪器及设备

计算机、MATLAB 图像处理软件、pout.tif 等待处理图像。

四、实验内容及步骤

1. 基于直方图的图像增强

1)熟悉相关函数的语法及使用

可以通过 MATLAB 的 help 功能查询函数的使用方法。

histeq:直方图均衡化。

imadjust:调整图像的灰度值或色彩图。

2)编程实现对图像 pout.tif 的增强,观察增强效果

(1)读入图像,使用 imhis 函数产生图像的直方图,分析它的直方图分布及图像的特点。

(2)读入图像,使用 imadjust 函数对图像的对比度进行变换,借助直方图分析图像对比度变换前后的效果。

(3)读入图像,使用 histeq 函数均衡化图像,分析变化后图像的效果。

2. 图像空间域平滑

1)熟悉 MATLAB 中相关函数及其用法

2)对图像进行平滑,观察图像平滑效果

(1)读入图像并加入噪声。

```
I = imread('lena.bmp');
J = imnoise(I,'salt & pepper',0.05);
                    % 在图像 I 中加入密度为 0.05 的椒盐噪声
```

```
K = imnoise(I,'gaussian', 0.01, 0.02);
```
　　　　　% 在图像 I 中加入均值为 0.01、方差为 0.02 的高斯噪声
```
subplot(1,3,1)，imshow(I)；title('原图')；
subplot(1,3,2)，imshow(J)；title('椒盐噪声图')；
subplot(1,3,3)，imshow(K)；title('高斯噪声图')；
```

（2）椒盐噪声在不同邻域值下的均值滤波。

```
J = imnoise(I,'salt & pepper', 0.05)；
h1 = ones(3,3)/9；
J1 = imfilter(J, h1)；
h2 = ones(7,7)/49；
J2 = imfilter(J,h2)；
subplot(1,3,1)，imshow(J)；title('椒盐噪声图')；
subplot(1,3,2)，imshow(J1)；title('3×3 窗口均值滤波')；
subplot(1,3,3)，imshow(J2)；title('7×7 窗口均值滤波')；
```

（3）对椒盐噪声进行均值、中值滤波。

```
J = imnoise(I,'salt & pepper', 0.05)；
h = ones(5,5)/25；
J3 = imfilter(J,h)；
J4 = medfilt2(J)；
subplot(1,3,1)，imshow(J)；title('椒盐噪声图')；
subplot(1,3,2)，imshow(J3)；title('5×5 均值滤波图')；
subplot(1,3,3)，imshow(J4)；title('中值滤波图')；
```

（4）对高斯噪声进行均值、中值滤波。

```
K = imnoise(I,'gaussian',0.01, 0.02)；
h = ones(5,5)/25；
K1 = imfilter(K,h)；
```

```
K2 = medfilt2(K);
subplot(1,3,1), imshow(K); title('高斯噪声图');
subplot(1,3,2), imshow(K1); title('5×5 均值滤波图');
subplot(1,3,3), imshow(K2); title('中值滤波图');
```

注意查看各种平滑效果,比较均值滤波、中值滤波的效果。

3. 图像空间域锐化

(1) 利用 Sobel 算子锐化图像。

```
I = imread('lena.bmp');
hx = [-1,-2,-1;0,0,0;1,2,1];    % 创建 Sobel 垂直梯度模板
hy = hx';                        % 创建 Sobel 水平梯度模板
gradx = imfilter(I,hx);          % 计算图像的 Sobel 垂直梯度
grady = imfilter(I,hy);          % 计算图像的 Sobel 水平梯度
grad = gradx.^2 + grady.^2;      % 得到图像的 Sobel 梯度
subplot(221), imshow(I); title('原始图');
subplot(222), imshow(gradx); title('图像的 sobel 垂直梯度');
subplot(223), imshow(grady); title('图像的 sobel 水平梯度');
subplot(224), imshow(grad); title('图像的 Sobel 梯度');
```

(2) 利用 fspecial 函数生成各种梯度算子。

例如,利用 fspecial 函数产生 Sobel 垂直梯度算子,格式为

```
h = fspecial('sobel')
```

(3) 读入一幅图像,利用其他算子对图像进行锐化,并比较分析锐化结果。

(4) 编程实现对图像 circuit 的频率域锐化。

4. 图像频率域平滑和锐化

(1) 采用理想低通滤波器、Butterworth 低通滤波器、指数低通滤波器和梯形低通滤波器等四种低通滤波器编程实现图像低通滤波,比较滤波

效果。

（2）采用理想高通滤波器、Butterworth 高通滤波器、指数高通滤波器和梯形高通滤波器等四种高通滤波器编程实现图像高通滤波，比较滤波效果。

五、实验报告

整理程序、数据，分析实验结果，撰写并提交实验报告。

实验四　图像复原

数字图像在获取过程中,由于光学系统的像差、光学成像衍射、成像系统的非线性畸变、摄影胶片感光的非线性、成像过程的相对运动、环境随机噪声等原因,图像会产生一定程度的退化。图像复原(恢复)是指利用退化过程的先验知识,使退化图像恢复本来面目。数字图像复原问题实际上是在一定的准则下,通过数学最优化方法,根据退化图像估计原图像(指质量下降前的图像)的图像估计问题。不同的准则或不同的数学最优化方法就形成了各种不同的图像复原算法。

一、实验目的

(1) 了解图像复原的目的和过程;

(2) 掌握图像复原和图像增强的区别与联系;

(3) 了解图像代数复原原理,熟悉 MATLAB 中的图像复原函数;

(4) 针对退化图像实现图像复原。

二、实验基础

假定成像系统是线性位移不变系统,则获取的图像 $g(x,y)$ 可表示为

$$g(x,y) = f(x,y) * h(x,y) \qquad (3.6)$$

考虑到加性噪声的干扰,则退化图像可表示为

$$g(x,y) = f(x,y) * h(x,y) + n(x,y) \qquad (3.7)$$

式(3.6)和式(3.7)中,"$*$"表示卷积。正是点扩散函数 $h(x,y)$ 使图像 $f(x,y)$ 退化。图像复原是在假设具备有关 $g(x,y)$,$h(x,y)$ 和 $n(x,y)$ 的某些知识的情况下,寻求估计图像 $f(x,y)$ 的过程。

三、实验仪器及设备

计算机、MATLAB 图像处理软件、待处理图像。

四、实验内容与步骤

1. 熟悉 MATLAB 中图像复原的相关函数用法

deconvwnr：维纳滤波复原。

deconvreg：约束最小二乘复原。

deconvblind：使用盲解卷积恢复。

fspecial：创建指定类型的二维滤波器。

2. 对退化图像进行复原

（1）利用 fspecial 函数创建点扩散函数。

（2）利用生成的点扩散函数对原始图像操作，生成模拟的退化图像。

（3）利用相应的复原函数进行图像复原。

（4）分析比较原始图像与复原图像。

[例] 维纳滤波复原

```
f = checkerboard(8)                    % 生成一个棋盘图像
subplot(2,2,1), imshow(f), title ('原始图像')
PSF = fspecial('motion'7, 45);         % 生成点扩散函数
gb = imfilter(f,PSF,'circular ');
noise = imnoise(zeros(size(f)), 'gaussian ',0,0.001);
                                       % 噪声
g = gb + noise;                        % 加上噪声后的图像
subplot(2,2,2); imshow(g); title('退化图像')
Sn = abs(fft2(noise)).^2;              % 计算噪声功率谱
Sf = abs(fft2(f)).^2;                  % 计算图像功率谱
NCORR = fftshift(real(ifft2(Sn)));     % 噪声的自相关函数
```

```
ICORR = fftshift(real(ifft2(Sf)));  % 原图像的自相关函数
fr = deconvwnr(g, PSF, NCORR, ICORR);
subplot(2,2,3); imshow(fr); title('维纳滤波图像');
```

（5）编程实现对图像进行最小二乘约束滤波恢复、盲解卷积恢复,分析比较结果。

五、实验报告

整理程序、数据,分析实验结果,撰写并提交实验报告。

实验五 图像编码压缩

　　图像中存在多种冗余信息,包括编码冗余、像素间冗余和心理视觉冗余等,通过减少图像中的冗余信息可以减少图像数据量,达到图像压缩的目的。图像编码压缩方法有很多种,从信息量的角度出发,可分为有损编码压缩和无损编码压缩两种。有损编码压缩以牺牲图像质量为代价来获得高压缩比。

一、实验目的

　　(1) 进一步掌握 MATLAB 程序设计方法;
　　(2) 巩固图像压缩编码的理论与方法;
　　(3) 加深对图像 DCT 变换的理解;
　　(4) 编程实现图像压缩,对比压缩前后图像的压缩比。

二、实验基础

　　图像编码压缩的主要目的是节省存储空间、提高传输速度。解码图像和压缩编码前的图像严格相同,不损失图像质量的压缩称为无损压缩,无损压缩不可能达到很高的压缩比;解码图像和原始图像是有差别的,允许有一定的失真,这种压缩称为有损压缩,高压缩比是以牺牲图像质量为代价的。压缩的实现方法是对图像重新进行编码,希望用更少的数据表示图像。高效编码的主要方法是尽可能去除图像中的冗余成分,从而使最小的码元包含最大的图像信息。

　　本次实验借助离散余弦变换(Discrete Cosine Transform, DCT)说明图像的编码压缩。DCT 变换具有集中高度相关数据能量的优势,经过 DCT 变换后矩阵的能量集中在矩阵的左上角,右下角大多数 DCT 系数值接近零。对于通常的图像来说,舍弃这些接近零的 DCT 系数值,并不会造成重构图像的画面质量显著下降。所以,利用 DCT 变换进行图像压缩可以节约大量的存储空间。压缩应在最合理地近似原图像的情况下使用最少的系数变换。使用系数的多少也决定了压缩比的大小。

MATLAB 中的相关函数有：

dct2：二维离散余弦变换。

idct2：二维离散余弦反变换。

dctmtx：计算 DCT 变换矩阵。

blkproc：对图像进行分块处理。

三、实验仪器及设备

计算机、MATLAB 图像处理软件、lena.bmp 等数字图像。

四、实验内容及步骤

1. 熟悉 MATLAB 中相关函数的用法

2. 利用 DCT 变换进行简单的图像压缩

图像经过 DCT 变换后，其低频分量都集中在左上角，高频分量分布在右下角。

［例1］

```
clc; clear all; close all;
I = imread('lena1.bmp');
I1 = im2double(I);
T = dct2(I1);
T1 = T;
T1(1,1) = 0;          % 去除原点值
I2 = idct2(T1);       % 对该图像进行离散余弦反变换
% 显示原始图像与处理后的图像
subplot(121), imshow(I);
subplot(122), imshow(I2);
```

思考：比较两图像的差异。

[例 2]

```
clc; clear all;
I = imread('rice.png');        % 读取图片
I = im2double(I);              % 将图像数据转换为 double 型
T = dctmtx(8);                 % 离散余弦变换矩阵
B = blkproc(I, [8 8], 'P1 * x * P2', T, T');
                               % 对源图像进行 DCT 变换
```

$$mask = \begin{bmatrix} 1 & 1 & 1 & 0 & 0 & 0 & 0 & 0 \\ 1 & 1 & 1 & 0 & 0 & 0 & 0 & 0 \\ 1 & 1 & 1 & 0 & 0 & 0 & 0 & 0 \\ 0 & 0 & 0 & 0 & 0 & 0 & 0 & 0 \\ 0 & 0 & 0 & 0 & 0 & 0 & 0 & 0 \\ 0 & 0 & 0 & 0 & 0 & 0 & 0 & 0 \\ 0 & 0 & 0 & 0 & 0 & 0 & 0 & 0 \\ 0 & 0 & 0 & 0 & 0 & 0 & 0 & 0 \end{bmatrix};$$

```
B2 = blkproc(B, [8 8], 'P1.* x', mask);
                               % 数据压缩,丢弃右下角高频数据
I2 = blkproc(B2, [8 8], 'P1 * x * P2', T', T);
                               % 进行反 DCT 变换
figure;                        % 新开一个图形窗口
subplot(121); imshow(I, []);
subplot(122); imshow(I2, []);
```

思考:比较压缩前后的图像;将压缩后的图像保存,查看压缩前后图像信息,计算压缩率。

五、实验报告

整理程序、数据,分析实验结果,撰写实验报告并上交。

实验六　图像分割

　　图像分割是由图像处理到图像分析的关键步骤，是图像识别和计算机视觉至关重要的预处理。图像分割后提取的目标可用于图像识别、特征提取、图像搜索等领域。图像分割的基本策略主要是基于图像灰度值的两个特性，即灰度的不连续性和灰度的相似性，因此图像分割方法可分为基于边缘的分割方法和基于区域的分割方法。本次实验通过完成简单的图像分割，进一步加深对图像分割的理解。

一、实验目的

　　(1) 进一步熟悉 MATLAB 程序设计方法；

　　(2) 巩固图像分割理论与方法；

　　(3) 编程实现图像分割，比较基于阈值分割方法和基于边缘分割方法的效果，分析影响分割效果的因素。

二、实验基础

1. 基于阈值的分割

　　基于阈值的分割属于区域分割的一种，是图像分割中最常用的一类方法。对于一个具有双峰分布的简单图像，阈值分割方法实际上是将输入图像 $f(i,j)$ 通过式(3.8)变换得到输出图像 $g(i,j)$ 的过程，即二值化过程。

$$g(i,j) = \begin{cases} 1 & f(i,j) \geqslant T \\ 0 & f(i,j) < T \end{cases} \tag{3.8}$$

式中，T 为阈值，物体像素 $g(i,j)=1$，背景像素 $g(i,j)=0$。

　　阈值分割方法的关键是阈值 T 的确定，如果能确定一个合适的阈值，就可以准确地将图像分割开来。对于灰度直方图具有双峰分布的图像，可以选择谷点处的灰度值作为阈值。在许多情况下，物体和背景的对比度在图像中的各处是不同的，很难用一个统一的阈值将物体与背景分开。这时可以根据图像的局部特征分别采用不同的阈值进行分割。确定阈值的方法包括判断分析法、最佳熵自动阈值法、最小误差分割等。

阈值分割的优点是直观、计算简单、运算效率较高、速度快。

2. 基于边缘的分割

图像分割的另一种方法是通过边缘检测实现的。边缘是指图像中像素灰度有阶跃或屋顶变化的像素集合。边缘能勾画出物体轮廓，对图像识别和分析十分有用，是图像识别时提取的重要信息。由于边缘处的灰度是不连续的，因此可以利用边缘检测算子将边缘点检测出来。常用的边缘检测算子有梯度算子、Prewitt 算子、Sobel 算子、LOG 算子和 Canny 算子等。

通过 edge 函数可以利用各种边缘检测算子检测图像边缘。

3. 边缘跟踪

将检测的边缘点连接成线称为边缘跟踪。在识别图像中的目标时，往往需要对目标边缘作跟踪处理，即按一定顺序找出边缘点来绘制出边界。如果图像是二值图像，或图像中不同区域具有不同的像素值，但每个区域内的像素值是相同的，则可以完成基于 4 连通或 8 连通区域的轮廓跟踪。

利用 bwtraceboundary 函数可以在二值图像中追踪目标的轮廓线。

4. Hough 变换线检测

Hough 变换由 Paul Hough 于 1962 年提出，是图像处理技术中用于识别几何形状的一种常用方法，它实现了一种从图像空间到参数空间的映射关系。Hough 变换的基本原理是利用点线间的对偶性，将原始图像空间的给定曲线通过曲线表达形式变为参数空间的一个点，如图 3.1 所示。

由图 3.1 可看出，图像空间 x-y 坐标和参数空间 k-b 坐标具有点-线的对偶性。x-y 坐标中的点 P_1，P_2 对应于 k-b 坐标中的 L_1，L_2，由于 P_1，P_2 两点共线，其在参数空间中的两条线 L_1，L_2 必交于一点 P_0，即 k-b 坐标中的点 P_0 对应于 x-y 坐标中的直线 L_0，因此只要检测出参数空间的点 P_0，就能

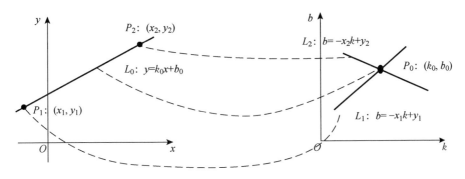

图 3.1　点线间的对偶性

完成图像空间直线 L_0 的检测。

MATLAB 中关于 Hough 变换的函数有 hough、houghpeaks 和 houghline。

三、实验仪器及设备

计算机、MATLAB 软件、数字图像。

四、实验内容与步骤

1. 熟悉 MATLAB 中相关函数，掌握各函数的具体用法

edge：边缘检测函数。

graythresh：利用 Otsu 算法（最大类间方差）获取全局阈值。

im2bw：将灰度图像转换为二值图像。

bwtraceboundary：在二值图像中追踪目标轮廓线。

hough：Hough 变换函数。

houghpeaks：hough 变换峰值识别。

houghline：基于 hough 变换提取线元。

2. 简单图像的阈值分割

（1）利用直方图进行阈值分割。

```
clc; clear all;
```

```
I = imread('coins.png');
subplot(221);imshow(I);title('灰度图像')
subplot(222),imhist(I)
title('灰度直方图'),xlabel('灰度值'),ylabel('像元个数')
I2 = im2bw(I,100/255);
subplot(223),imshow(I2);title('阈值为 100 的图像分割结果')
I3 = im2bw(I,150/255);
subplot(224),imshow(I3);title('阈值为 150 的图像分割结果')
```

（2）利用最大类间方差法（Otsu 法）自动确定阈值进行分割。

```
clc,clear all
I = imread('coins.png');
subplot(121),imshow(I);title('原始图像')
level = graythresh(I);          % 确定灰度阈值
BW = im2bw(I,level);
subplot(122),imshow(BW);title('Otsu 法图像分割结果')
```

3. 基于边缘的图像分割

（1）利用各种边缘检测算子检测边缘。

```
I = imread('coins.png');
subplot(241);imshow(I);title('原始图像');
I1 = im2bw(I);
subplot(242);imshow(I1);title('二值图像');
I2 = edge(I1,'roberts');
subplot(243);imshow(I2);title('roberts 算子检测结果');
I3 = edge(I1,'prewitt');
subplot(244);imshow(I3);title('prewitt 算子检测结果');
I4 = edge(I1,'sobel');
subplot(245);imshow(I4);title('sobel 算子检测结果');
```

```
I5 = edge(I1,'canny');
subplot(246);imshow(I5);title('canny 算子检测结果');
I6 = edge(I1,'log');
subplot(247);imshow(I6);title('log 算子检测结果');
```

思考:仔细分析比较各种边缘检测算子的检测结果;调整各边缘检测算子参数,获取不同的边缘检测结果。

(2) 边界跟踪(bwtraceboundary 函数)。

```
%以 Prewitt 算子检测结果为例,绘制边界
BW = I3;
s = size(BW);
col = round(s(2)/2) - 90;              % 设置起始点列坐标
row = find(BW(:,col),1);               % 寻找起始点行坐标
connectivity = 8;                       % 设置八邻域寻找,缺省值
num_points = 180;
%提取边界
contour = bwtraceboundary(BW,[row,col],'N',connectivity,num_
points);
imshow(I);hold on;
%在原图上绘提取出的圆
plot(contour(:,2),contour(:,1), 'g','LineWidth',2);
title('边界跟踪图像');
```

思考:修改程序,检测出图中所有硬币的边缘。

4. Hough 变换检测线段

```
clc,clear
I1 = imread('circuit.tif');
I = imrotate(I1,33,'crop');
BW = edge(I,'canny');
```

```
subplot(231),imshow(I1);title('原始图像');
subplot(232),imshow(I);title('旋转后的图像');
subplot(233),imshow(BW);title('边缘检测图像');
[H,theta,rho] = hough(BW);        % 利用 Hough 函数进行 Hough 变换
subplot (234), hold on, imshow ( imadjust ( mat2gray (H)), [ ],
'XData',theta,... Ydata',rho,'Initialmagnification','fit');
title('峰值检测');
xlabel('\theta(degrees)'), ylabel('\rho');
axis on, axis normal, hold on
P = houghpeaks(H,10,'threshold',ceil(0.3 * max(H(:))));
x = theta(P(:,2));
y = rho(P(:,1));
plot(x,y,'s','color','red');
lines = houghlines(BW,theta,rho,P,'FillGap',5,'MinLength',7);
subplot(235),imshow(I); title('检测到的线段');hold on
max_len = 0;
for k = 1:length(lines);
    xy = [lines(k).point1;lines(k).point2];
    plot(xy(:,1),xy(:,2),'LineWidth',2,'Color','green');
    % 绘制线段起终点
    plot(xy(1,1),xy(1,2),'LineWidth',2,'Color','yellow');
    plot(xy(2,1),xy(2,2),'LineWidth',2,'Color','blue');
    % 确定最长线段的端点
    len = norm(lines(k).point1-lines(k).point2);
    if (len > max_len)
        max_len = len;
        xy_long = xy;
end
    end
```

％ 突出显示最长一条线段

```
plot(xy_long(:,1),xy_long(:,2),'LineWidth',2,'Color',
'red');
```

思考:理解程序中的每条语句,修改程序,尝试检测出更多的直线段。

五、实验报告

整理程序、数据,分析实验结果,撰写实验报告并上交。

第四章　MATLAB 遥感图像处理应用

本章主要以 MATLAB 为平台,实现遥感图像处理的一些基本功能,包括遥感图像读写、增强、融合,并给出每种处理的详细代码。

实验一　遥感图像读写

一、实验目的

(1) 熟悉 MATLAB 中遥感图像读写的格式;

(2) 掌握多波段遥感图像的读取与存储;

(3) 掌握多波段遥感图像中单波段、不同波段的组合显示。

二、实验仪器设备

计算机、MATLAB 软件、Landsat 8 遥感图像。

三、实验基础

1. 实验遥感图像简介

2013 年 2 月 11 日,Landsat 8 卫星成功发射,设计寿命为 5 年,星上携带两个主要设备:陆地成像仪(Operational Land Imager, OLI)和热红外传感器(Thermal Infrared Sensor, TIRS)。陆地成像仪共有 11 个波段,其中可见光、近红外、短波红外波段空间分辨率为 30 m,热红外波段空间分辨率为 100 m,全色波段分辨率为 15 m,成像幅宽 185 km×185 km。陆地成像仪包括 ETM+传感器所有的波段,但为了避免大气吸收特征,对波段进行了重新调整,比较大的调整是 Band5(0.845~0.885 μm),排除了 0.825 μm 处水汽吸收特征;全色波段 Band8 范围较窄,可以在全色图像上更好地区分植被和无植被特征。此外,还新增了两个波段:蓝色波段(Band1:0.433~0.453 μm)主要应用于海岸带观测,短波红外波段(Band9:1.360~1.390 μm)包括水汽强吸收特征,可用于云检测;近红外波段(Band5)和短波红外波段(Band9)与 MODIS 对应的波段接近。Landsat8 遥感图像中,11 个波段的基本信息列于表 4.1。

表 4.1 Landsat8 波段参数

波 段	波长范围/μm	空间分辨率/m
Band1—海岸波段	0.433~0.453	30
Band2—蓝波段	0.450~0.515	30
Band3—绿波段	0.525~0.600	30
Band4—红波段	0.630~0.680	30
Band5—近红外波段	0.845~0.885	30
Band6—短波红外 1	1.560~1.660	30
Band7—短波红外 2	2.100~2.300	30
Band8—全色波段	0.500~0.680	15
Band9—卷云波段	1.360~1.390	30
Band10—热红外 1	10.60~11.19	100
Band11—热红外 2	11.50~12.51	100

2. 相关函数

MATLAB 中用于多波段图像读写的函数包括 multibandread 和 multibandwrite。

四、实验内容与步骤

1. 遥感图像头文件读取

遥感图像标准格式多为 tif，img，hdr 格式，存储类型包括 BSQ，BIL，BIP 三种。

以 ENVI 数据格式 hdr 读取为例，头文件读取与显示的代码如下：

```
hdrfilename = 'Landsat8_image.hdr';
fid = fopen(hdrfilename, 'r');
info = fread(fid,'char=>char');
info = info';      % 转置为行向量显示
fprintf(info);     % 界面打印输出显示
fclose(fid);
```

运行代码后，MATLAB 中显示的头文件信息如下：

```
ENVI
description = {
Create Layer File Result [Sat Apr 21 15:39:37 2018]}
samples = 512
lines = 512
bands = 11
header offset = 0
file type = ENVI Standard
data type = 12
interleave = bsq
sensor type = Unknown
byte order = 0
map info = {UTM, 1.000, 1.000, 363285.000, 4582515.000,
```

3.0000000000e + 001, 3.0000000000e + 001, 16, North, WGS-84, units =
Meters}

coordinate system string = {PROJCS["UTM_Zone_16N",GEOGCS["GCS_WGS_
1984",DATUM ["D_WGS_1984", SPHEROID ["WGS_1984", 6378137.0,
298.257223563]], PRIMEM [" Greenwich", 0.0], UNIT [" Degree",
0.0174532925199433]], PROJECTION [" Transverse_ Mercator "],
PARAMETER["False_Easting",500000.0],PARAMETER["False_Northing",
0.0], PARAMETER [" Central_Meridian", − 87.0], PARAMETER [" Scale_
Factor", 0. 9996], PARAMETER [" Latitude_Of_Origin", 0. 0], UNIT
["Meter",1.0]]}

wavelength units = Unknown

band names = {

Layer (Band 1:LC08_L1TP_022032_20180303_20180319_01_T1_B9.
TIF),

Layer (Band 1:LC08_L1TP_022032_20180303_20180319_01_T1_B8.
TIF),

Layer (Band 1:LC08_L1TP_022032_20180303_20180319_01_T1_B7.
TIF),

Layer (Band 1:LC08_L1TP_022032_20180303_20180319_01_T1_B6.
TIF),

Layer (Band 1:LC08_L1TP_022032_20180303_20180319_01_T1_B5.
TIF),

Layer (Band 1:LC08_L1TP_022032_20180303_20180319_01_T1_B4.
TIF),

Layer (Band 1:LC08_L1TP_022032_20180303_20180319_01_T1_B3.
TIF),

Layer (Band 1:LC08_L1TP_022032_20180303_20180319_01_T1_B2.
TIF),

Layer (Band 1:LC08_L1TP_022032_20180303_20180319_01_T1_B11.
TIF),

Layer (Band 1:LC08_L1TP_022032_20180303_20180319_01_T1_B10.
TIF),

Layer (Band 1:LC08_L1TP_022032_20180303_20180319_01_T1_B1.
TIF)

    }

2. 遥感图像基本信息读取

```
% 读取列数、行数、波段数、数据类型
   % 列数
   ac = strfind(info,'samples = ');
   bc = length('samples = ');
   cc = strfind(info,'lines   ');
   samples = [];
   for i = ac + bc:cc - 1
           samples = [samples,info(i)];
   end
           samples = str2num(samples);

   %行数
   ar = strfind(info,'lines   = ');
   br = length('lines   = ');
   cr = strfind(info,'bands   ');
   lines = [];
   for i = ar + br:cr - 1
           lines = [lines,info(i)];
   end
           lines = str2num(lines);
```

```matlab
%波段数
ab = strfind(info,'bands    = ');
bb = length('bands    = ');
cb = strfind(info,'header offset ');
bands = [];
for i = ab + bb:cb - 1
        bands = [bands,info(i)];
end
        bands = str2num(bands);


%数据类型
ab = strfind(info,'data type = ');
bb = length('data type = ');
cb = strfind(info,'interleave ');
datatype = [];
for i = ab + bb:cb - 1
        datatype = [datatype,info(i)];
end
        datatype = str2num(datatype);
precision = [];
switch datatype
case 1
    precision = 'unit8 => unit8 ';
                % 头文件中 datatype = 1 对应 ENVI 中数据类型
                为 Byte,对应 MATLAB 中数据类型为 unit8
case 2
    precision = 'int16 => int16 ';
                % 头文件中 datatype = 2 对应 ENVI 中数据类型
                为 Integer,对应 MATLAB 中数据类型为 int16
```

```
case 12
    precision = 'unit16 => unit16 ';
                    % 头文件中 datatype = 12 对应 ENVI 中数据类型为
                        Unsigned Int, 对应 MATLAB 中数据类型为 unit16
case 3
    precision = 'int32 => int32 ';
                    % 头文件中 datatype = 3 对应 ENVI 中数据类型为
                        Long Integer, 对应 MATLAB 中数据类型为 int32
case 13
    precision = 'unit32 => unit32 ';
                    % 头文件中 datatype = 13 对应 ENVI 中数据类型为
                        Unsigned Long, 对应 MATLAB 中数据类型为 unit32
case 4
    precision = 'float32 => float32 ';
                    % 头文件中 datatype = 4 对应 ENVI 中数据类型为
                        Floating Point, 对应 MATLAB 中数据类型为 float32
case 5
    precision = 'double => double ';
                    % 头文件中 datatype = 5 对应 ENVI 中数据类型为
                        Double Precision, 对应 MATLAB 中数据类型为 double
otherwise
    error('invalid datatype ');
% 除以上几种常见数据类型之外的数据类型视为无效的数据类型
end


% 数据格式
at = strfind(info,'interleave = ');
bt = length('interleave = ');
```

```
ct = strfind(info,'sensor type');
interleave = [];
for i = at + bt:ct - 1
        interleave = [interleave,info(i)];
end
interleave = strtrim(interleave);    %删除字符串中的空格
fprintf('Lines = %i\nSamples = %i\nDataType = %s\n', lines,
samples, interleave);
```

遥感图像基本信息显示结果如下：

```
Lines = 512
Samples = 512
DataType = bsq
```

3. 遥感图像数据读取与显示

遥感图像大多具有多波段，MATLAB 中利用 multibandread 和 multibandwrite 函数读取、存储多波段二进制图像数据。

```
% 读取图像数据
imgfilename = 'Landsat8_image';
fid = fopen(imgfilename,'r');
data = multibandread(imgfilename,[lines, samples, bands],
precision,0,interleave,'ieee-le');
data = double(data);
% 数值转为 0~255 的整型用于显示
data_unit8 = data;
for k = 1:bands
        min_val = min(data(:, :, k));
```

```
        max_val = max(data(:, :, k));
        for i = 1:lines
                for j = 1:samples
                data_unit8(i,j,k) = unit8((data_unit8(i, j, k)-
min_val)/(max_val- min_val) * 255);
                end
            end
    end
% 单波段遥感图像显示
% 数值转为 0～255 的整型用于显示
data_show = data;
for k = 1:bands
        min_val = min(data(:, :, k));
        max_val = max(data(:, :, k));
        for i = 1:lines
                for j = 1:samples
                        data_show (i,j,k) = (data_show(i, j, k)-
min_val)/(max_val-min_val) * 255;
            end
        end
end
% 单波段遥感图像显示
im1 = data_show(:, :, 1);
im2 = data_show(:, :, 2);
im3 = data_show(:, :, 3);
im4 = data_show(:, :, 4);
im5 = data_show(:, :, 5);
im6 = data_show(:, :, 6);
```

```
im7 = data_show(:, :, 7);
im8 = data_show(:, :, 8);
im9 = data_show(:, :, 9);
im10 = data_show(:, :, 10);
im11 = data_show(:, :, 11);
im1 = unit8(im1);
im2 = unit8(im2);
im3 = unit8(im3);
im4 = unit8(im4);
im5 = unit8(im5);
im6 = unit8(im6);
im7 = unit8(im7);
im8 = unit8(im8);
im9 = unit8(im9);
im10 = unit8(im10);
im11 = unit8(im11);
figure; imshow(im1);
figure; imshow(im2);
figure; imshow(im3);
figure; imshow(im4);
figure; imshow(im5);
figure; imshow(im6);
figure; imshow(im7);
figure; imshow(im8);
figure; imshow(im9);
figure; imshow(im10);
figure; imshow(im11);
% 真彩色显示
```

```
im3 = data_show(:, :, 6:8);

im3 = unit8(im3);

figure; imshow(im3);

% 假彩色显示

im3 = data_show(:, :, 5:7);

im3 = unit8(im3);

figure; imshow(im3);
```

运行结果如图 4.1 和图 4.2 所示。

(a) B 9

(b) B 8

(c) B 7

(d) B 6

(e) B 5

(f) B 4

(g) B 3

(h) B 2

(i) B 11

(j) B 10

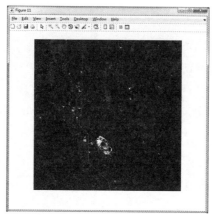

(k) B1

图 4.1 单波段图像显示

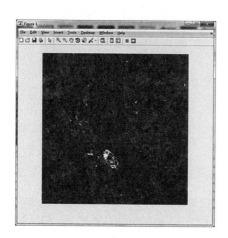

(a) 真彩色

(b) 假彩色

图 4.2 波段组合图像显示

4. 遥感图像数据存储

```
% 以 BIL 存储类型存储所有波段数据
multibandwrite(data,'data.bil','bil');
% 以存储 32bit 单波段数据为例
numBands = 1;
```

```
for band = 1:numBands
    multibandwrite(data(:, :, band),'banddata.bsq ','bsq ',
    'machfmt','ieee-le','precision', interleave);
end
```

实验二　遥感图像增强

一、实验目的

(1) 熟悉遥感图像增强的原理；

(2) 掌握遥感图像灰度变换、直方图调整等增强方法。

二、实验仪器设备

计算机、MATLAB 软件、Landsat 8 遥感图像。

三、实验基础

图像对比度增强的方法可以分成两类：一类是直接对比度增强方法；另一类是间接对比度增强方法。直方图均衡化和线性拉伸是两种最常见的间接对比度增强方法。直方图均衡是通过使用累积函数对灰度值进行"调整"以实现对比度的增强。线性拉伸通过对比度拉伸对直方图进行调整，从而"扩大"前景和背景灰度的差别，以达到增强对比度的目的，这种方法可以利用线性或非线性的方法来实现，如指数变换、对数变换和线性拉伸等。

1. 直方图均衡化

直方图均衡化处理的中心思想是将原始图像的灰度直方图从比较集中的某个灰度区间变成在全部灰度范围内的均匀分布。通过对图像进行非线性拉伸，重新分配图像像素值，使一定灰度范围内的像素数量大致相同，从而使给定图像的直方图分布变成均匀分布。

2. 指数变换

指数变换可以将遥感图像的低灰度值部分进行压缩，高灰度值部分进行扩展，以达到强调遥感图像高灰度部分的目的。指数变换的公式为

$$S = C \times R^r \tag{4.1}$$

式中 S——输出图像像素；

$\quad\quad C$——指数变化系数；

$\quad\quad R$——输入图像像素；

$\quad\quad r$——指数。

通过合理地选择 C 和 r 可以压缩灰度范围。

3. 对数变换

对数变换可以将遥感图像的低灰度值部分进行扩展，高灰度值部分进行压缩，以达到强调遥感图像低灰度部分的目的。对数变换公式为

$$s = c \cdot \log_{v+1}(1 + v \cdot r) \quad\quad r \in [0, 1] \tag{4.2}$$

式中 s——输出图像像素；

$\quad\quad c$——常数；

$\quad\quad v$——系数；

$\quad\quad r$——输入图像像素。

4. 线性拉伸

线性拉伸是为了突出感兴趣的目标或灰度区间，相对抑制那些不感兴趣的灰度区域。

四、实验内容与步骤

1. 直方图均衡化

实现代码如下：

```
src_img = data(:, :, 6);
% 转为 8bit 图像,以波段 6 为例
min_val = min(min(src_img));
max_val = max(max(src_img));
for i = 1:lines
```

```
            for j = 1:samples
                    src_img(i,j) = (src_img(i,j)-min_val)/(max_val-
min_val) * 255;
            end
    end
    src_img = unit8(src_img);
    figure(1)
    subplot(221),imshow(src_img),title('原图像');
                        % 显示原始图像
    subplot(222),imhist(src_img),title('原图像直方图');
                        % 显示原始图像直方图
    MATLAB_eq = histeq(src_img);
                        % 利用 MATLAB 的函数直方图均衡化
    subplot(223),imshow(matlab_eq),title('matlab 直方图均衡化原
图像');                    % 显示原始图像
    subplot(224),imhist(matlab_eq),title('matlab 均衡化后的直方
图');                      % 显示原始图像直方图
```

运行结果如图 4.3 所示。

2. 指数变换

根据指数变换的函数,本代码以 c＝1.0,r＝0.4 实现。

```
Gamma = 0.4;
C = 1;
g² = data(:, :, 6);
g² = C * (g². ^Gamma);
% 归一化
min_val = min(min(g2));
```

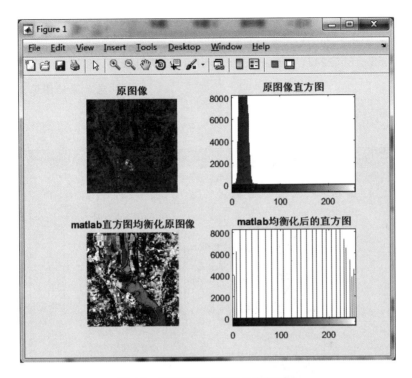

图 4.3　遥感图像直方图均衡化对比

```
max_val = max(max(g2));
for i = 1:lines
    for j = 1:samples
        g2(i,j) = (g2(i,j)-min_val)/(max_val-min_val) * 255;
    end
end
g2 = unit8(g2);
figure(1);
subplot(221); imshow(src_img); xlabel('a).Original Image');
subplot(222), imhist(src_img),title('原图像直方图');
```

　　　　　　　　　　　　　　% 显示原始图像直方图

```
subplot(223); imshow(g2); xlabel('b).Gamma Transformations \
gamma = 0.4');
```
```
subplot(224),imhist(g2),title('增强图像直方图');
```
%显示原始图像直方图

运行结果如图 4.4 所示。

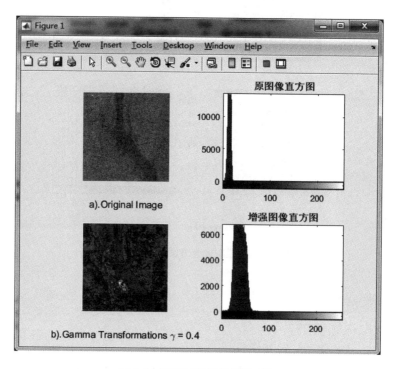

图 4.4　遥感图像指数增强对比

3. 对数变换

实现代码如下：

```
c = 1.0;
```
```
g = double(src_img);
```
```
v1 = 10;
```
```
v2 = 100;
```

```
v3 = 200;
g1 = c * log2(1 + v1 * g)/log2(v1 + 1);
g2 = c * log2(1 + v2 * g)/log2(v2 + 1);
g3 = c * log2(1 + v3 * g)/log2(v3 + 1);
% 归一化
min_val1 = min(min(g1));
max_val1 = max(max(g1));
min_val2 = min(min(g2));
max_val2 = max(max(g2));
min_val3 = min(min(g3));
max_val3 = max(max(g3));
for i = 1:lines
    for j = 1:samples
        g1(i, j) = (g1(i, j)-min_val1)/(max_val1-min_val1)
* 255;
        g2(i, j) = (g2(i, j)-min_val2)/(max_val3-min_val1)
* 255;
        g3(i, j) = (g3(i, j)-min_val3)/(max_val3-min_val1)
* 255;
    end
end
g = unit8(g);
g1 = unit8(g1);
g2 = unit8(g2);
g3 = unit8(g3);
figure();
subplot(2,2,1);
imshow(g);xlabel('a).Original Image');
```

```
subplot(2,2,2);

imshow(g1);xlabel('b).Log Transformations v = 10 ');

subplot(2,2,3);

imshow(g2);xlabel('c).Log Transformations v = 100 ');

subplot(2,2,4);

imshow(g3);

xlabel('d).Log Transformations v = 200 ');
```

运行结果如图 4.5 所示。

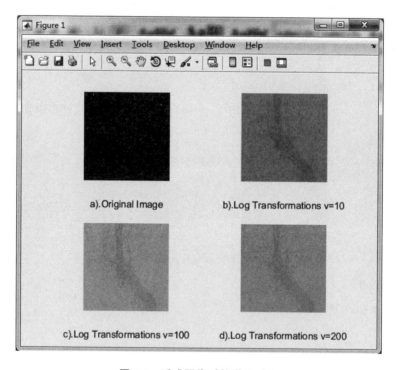

图 4.5　遥感图像对数增强对比

4. 线性拉伸

实现代码如下：

```
g = double(src_img);
[m,n,k] = size(g);
figure(1)
imshow(src_img);title('原图像');
mid = mean(mean(g));
% 横轴
fa = 20; fb = 120;
% 纵轴
ga = 100; gb = 255;
[height,width] = size(g);
dst_img = unit8(zeros(height,width));
g = double(g);


% 三段斜率
k1 = ga/fa;
k2 = (gb-ga)/(fb-fa);
k3 = (255-gb)/(255-fb);
for i = 1:height
    for j = 1:width
        if g(i,j)<= fa
            dst_img(i,j) = k1 * g(i,j);
        elseif fa < g(i,j) && g(i,j) <= fb
            dst_img(i,j) = k2 * ( g(i,j)-fa) + ga;
        else
            dst_img(i,j) = k3 * ( g(i,j)-fb) + gb;
        end
    end
end
```

```matlab
dst_img = unit8(dst_img);
J = dst_img;
figure(2)
imshow(J);title(' 线性拉伸图像');


pixel_f = 1:256;
pixel_g = zeros(1,256);


% 三段斜率,小于 1 表示该段将会被收缩
k1 = double(ga/fa);
k2 = (gb-ga)/(fb-fa);
k3 = (256-gb)/(256-fb);
for i = 1:256
    if i <= fa
        pixel_g(i) = k1 * i;
    elseif fa < i && i <= fb
        pixel_g(i) = k2 * (i-fa) + ga;
        else
        pixel_g(i) = k3 * (i-fb) + gb;
    end
end
figure(3)
plot(pixel_f,pixel_g);
```

运行结果如图 4.6 所示。

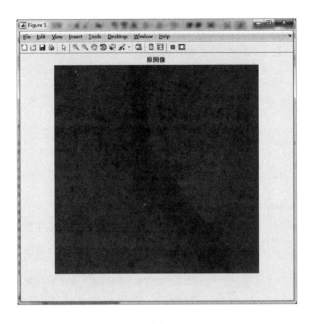

(a)

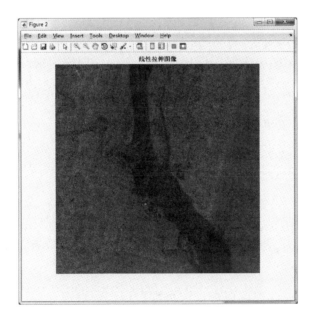

(b)

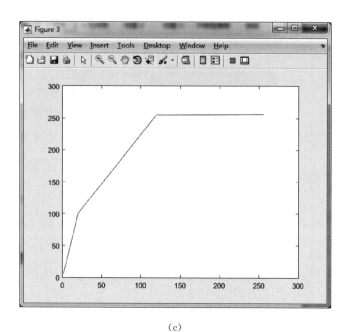

（c）

图 4.6　遥感图像线性拉伸对比

实验三　遥感图像融合

一、实验目的

（1）熟悉遥感图像融合的原理与方法；

（2）掌握利用 MATLAB 工具箱实现遥感图像融合的方法；

（3）编程实现高、低分辨率遥感图像融合。

二、实验仪器设备

计算机、MATLAB 软件、Landsat 8 遥感图像。

三、实验基础

遥感图像数据融合是一个对多遥感器的图像数据和其他信息的处理过程，它着重于将那些在空间或时间上冗余或互补的多源数据，按一定的规则（或算法）进行运算处理，获得比任何单一数据更精确、更丰富的信息，生成一幅具有新的空间、波谱、时间特征的合成图像。

本实验完成基于小波变换的遥感图像融合。小波变换是 20 世纪 80 年代后期发展起来的应用数学分支，其最重要的特点就是具有多分辨率，也称多尺度，可以由粗到细地观察信号，提取信号的局部特征。

图 4.7 是小波分解示意图，每一次小波分解将图像分为四个部分，以一级小波分解为例，整幅图像经过分解后得到四个部分：低频部分 LL_1 和三个高频部分 HL_1，LH_1 和 HH_1。

基于小波变换融合可以将小波变换后的多层中每层的对应系数绝对值取大，然后将两张遥感图像的对应原矩阵元素取均值，再利用小波重构，最终实现两张图像的融合。

MATLAB 中有关小波变换的函数如表 4.2 所列。

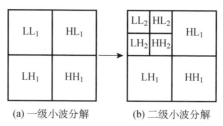

(a) 一级小波分解   (b) 二级小波分解

图 4.7　小波分解示意图

表 4.2　MATLAB 中小波变换函数

函数名	作　　用
dwt2	单层二维离散小波变换
idwt2	单层二维离散小波反变换
wavedec2	多层二维离散小波分解
waverec2	多层二维离散小波重构
wfusimg	基于小波变换的两图像融合

四、实验内容与步骤

1. 小波变换融合

本实验中,将第 6 波段与第 10 波段实现小波变换融合。实现代码如下:

```
X1 = data(:, :, 6);
min_val = min(min(X1));
max_val = max(max(X1));
for i = 1:lines
    for j = 1:samples
        X1(i,j) = (X1(i,j)-min_val)/(max_val-min_val) * 255;
    end
end
X1 = double(X1)/256;
```

```
figure;
imshow(X1),title('高分辨率');
axis square;
X2 = data(:, :, 10);
min_val = min(min(X2));
max_val = max(max(X2));
for i = 1:lines
        for j = 1:samples
            X2(i, j) = (X2(i, j)-min_val)/(max_val-min_val)
* 255;
        end
end
X2 = double(X2)/256;
figure;
imshow(X2),title('低分辨率');
axis square;
[c1,s1] = wavedec2(X1,2,'sym4');
                          %将 x1 进行 2 维,使用'sym4'进行变换
sizec1 = size(c1);
for i = 1:sizec1(2);
        c1(i) = 1.2 * c1(i);           % 将分解后的值都扩大 1.2 倍
end
[c2,s2] = wavedec2(X2,2,'sym4');
c = c1 + c2;                           % 计算平均值
c = 0.5 * c;
s = s1 + s2;
s = 0.5 * s;
xx = waverec2(c,s,'sym4');             %进行重构
```

```
figure;imshow(xx),title('融合后的遥感图像');
axis square;
```

运行结果如图 4.8 所示。

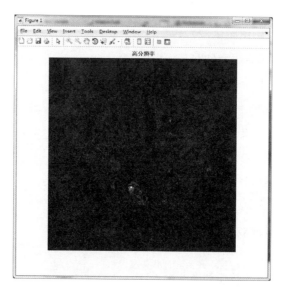

（a）

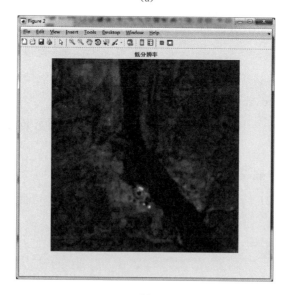

（b）

(c)

图 4.8　小波融合结果

2. 利用自带融合函数实现融合

自带工具箱小波低频和高频融合代码如下：

```
X1 = data(:, :, 6);
min_val = min(min(X1));
max_val = max(max(X1));
for i = 1:lines
    for j = 1:samples
        X1(i,j) = (X1(i,j)-min_val)/(max_val-min_val)
*255;
    end
end
X2 = data(:, :, 10);
min_val = min(min(X2));
max_val = max(max(X2));
```

```
for i = 1:lines
    for j = 1:samples
            X2(i,j) = (X2(i,j)-min_val)/(max_val-min_val)
*255;
    end
end
XFUS = wfusimg(X1,X2,'sym4',5,'max','max');
min_val = min(min(XFUS));
max_val = max(max(XFUS));
for i = 1:lines
    for j = 1:samples
            XFUS (i,j) = (XFUS (i,j)-min_val)/(max_val-
min_val)*255;
    end
end
% 显示融合后图像
X1 = unit8(X1);
X2 = unit8(X2);
XFUS = unit8(XFUS);
subplot(131), imshow(X1), axis square,
title('高分辨率')
subplot(132), imshow(X2), axis square,
title('低分辨率')
subplot(133), imshow(XFUS), axis square,
title('融合后图像')
```

运行结果如图 4.9 所示。

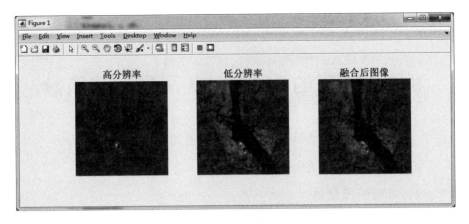

图 4.9   wfusimg 函数融合结果

附录　常用的 MATLAB 图像处理函数

一、读写图像文件

1. imread
用于读取各种图像文件,如:

    a = imread('d:\lena.bmp')

2. imwrite
用于将图像写入指定的文件,如:

    imwrite(a,'e:\w02.tif','tif')

3. imfinfo
用于读取图像文件的有关信息,如:

    imfinfo('e:\w01.tif')

4. multibandread
用于读取多波段图像,如:

    X = multibandread(filename, size, precision, offset, interleave, byteorder)

5. multibandwrite
用于将多波段图像写入指定的文件,如:

    multibandwrite(data,filename,interleave)

二、图像的显示

1. image

image 函数是 MATLAB 提供的最原始的图像显示函数,如:

```
a = [1,2,3,4;4,5,6,7;8,9,10,11,12];
image(a);
```

2. imshow

imshow 函数用于图像文件的显示,如:

```
i = imread('e:\w01.tif');
imshow(i);
```

3. colorbar

colorbar 函数用显示图像的颜色条,如:

```
i = imread('e:\w01.tif');
imshow(i);
colorbar;
```

4. figure

figure 函数用于设定图像显示窗口,如:

```
figure(1);figure(2);
```

三、图像的变换

1. fft2

fft2 函数用于数字图像的二维傅里叶变换,如:

```
i = imread('e:\w01.tif');
j = fft2(i);
```

2. ifft2

ifft2 函数用于数字图像的二维傅里叶反变换,如:

```
i = imread('e:\w01.tif');
j = fft2(i);
k = ifft2(j);
```

3. 利用 fft2 计算二维卷积

利用 fft2 函数可以计算二维卷积,如:

```
a = [8,1,6; 3,5,7; 4,9,2];
b = [1,1,1; 1,1,1; 1,1,1];
a(8,8) = 0;
b(8,8) = 0;
c = ifft2(fft2(a).*fft2(b));
c = c(1:5,1:5);
```

利用 conv2(二维卷积函数)校验,如:

```
a = [8,1,6; 3,5,7; 4,9,2];
b = [1,1,1; 1,1,1; 1,1,1];
c = conv2(a,b);
```

四、模拟噪声生成函数和预定义滤波器

1. imnoise

imnoise 函数用于对图像生成模拟噪声,如:

```
i = imread('e:\w01.tif');
j = imnoise(i,'gaussian', 0,0.02);        % 模拟高斯噪声
```

2. fspecial

fspecial 函数用于产生预定义滤波器,如:

```
h = fspecial('sobel');          % Sobel 水平边缘增强滤波器

h = fspecial('gaussian');       % 高斯低通滤波器

h = fspecial('laplacian');      % 拉普拉斯滤波器

h = fspecial('log');            % 高斯拉普拉斯(LOG)滤波器

h = fspecial('average');        % 均值滤波器
```

五、图像的增强

1. 直方图

imhist 函数用于数字图像的直方图显示,如:

```
i = imread('e:\w01.tif');

imhist(i);
```

2. 直方图均化

histeq 函数用于数字图像的直方图均化,如:

```
i = imread('e:\w01.tif');

j = histeq(i);
```

3. 对比度调整

imadjust 函数用于数字图像的对比度调整,如:

```
i = imread('e:\w01.tif');

j = imadjust(i,[0.3,0.7],[]);
```

4. 对数变换

log 函数用于数字图像的对数变换,如:

```
i = imread('e:\w01.tif');

j = double(i);

k = log(j);
```

5. 基于卷积的图像滤波函数

filter2 函数用于图像滤波, 如：

```
i = imread('e:\w01.tif');
h = [1,2,1; 0,0,0; -1,-2,-1];
j = filter2(h,i);
```

6. 线性滤波

利用二维卷积 conv2 滤波, 如：

```
i = imread('e:\w01.tif');
h = [1,1,1; 1,1,1; 1,1,1];
h = h/9;
j = conv2(i,h);
```

7. 中值滤波

medfilt2 函数用于图像的中值滤波, 如：

```
i = imread('e:\w01.tif');
j = medfilt2(i);
```

8. 锐化

(1) 利用 Sobel 算子锐化图像, 如：

```
i = imread('e:\w01.tif');
h = [1,2,1; 0,0,0; -1,-2,-1];        % Sobel 算子
j = filter2(h,i);
```

(2) 利用拉普拉斯算子锐化图像, 如：

```
i = imread('e:\w01.tif');
j = double(i);
h = [0,1,0; 1,-4,0; 0,1,0];          % 拉普拉斯算子
```

```
k = conv2(j, h, 'same');
m = j−k;
```

六、图像的分析

P = impixel(I)　　　% 交互式获取图像像素值

P = impixel(I, c, r) % 指定点坐标像素值,c, r 为行坐标和列坐标

% 创建图像强度曲线

C = improfile(I, xi, yi, n, method)

% xi, yi 规定了空间直线端点坐标,method
是插值方法(nearest, bilinrar, bicubic),
n 规定了计算图像强度点的个数

imcontour(I, n, linespec)　% 显示图像数据的等值线图

七、图像的统计信息

B = mean(A)　　　% 计算 A 的均值

b = std2(A)　　　% 计算 A 的标准差

r = corr2(A,B)　　% A, B 为输入二维矩阵,r 是返回的协方差系数

参 考 文 献

［1］RAFAEL C G，RICHARD E W. 数字图像处理［M］. 2 版. 阮秋琦，阮宇智，等译. 北京：电子工业出版社，2003.

［2］RAFAEL C G，RICHARD E W，STEVEN L E. 数字图像处理（MATLAB版）［M］. 2 版. 北京：电子工业出版社，2013.

［3］章毓晋. 图像工程（上册）图像处理［M］. 3 版. 北京：清华大学出版社，2012.

［4］贾永红. 数字图像处理［M］. 3 版. 武汉：武汉大学出版社，2018.

［5］魏鑫. MATLABR2014a 从入门到精通［M］. 北京：电子工业出版社，2015.

［6］刘浩，韩晶. MATLAB R2016a 完全自学一本通［M］. 北京：电子工业出版社，2016.

［7］陈明，郑彩云，张铮. MATLAB 函数和实例速查手册［M］. 北京：人民邮电出版社，2014.

［8］孙家抦. 遥感原理与应用［M］. 3 版. 武汉：武汉大学出版社，2013.

［9］梅安新，彭望琭，秦其明，等. 遥感导论［M］. 北京：高等教育出版社，2013.

［10］孙延奎. 小波分析及其应用［M］. 北京：机械工业出版社，2005.

［11］戴昌达，姜小光，唐伶俐. 遥感图像应用处理与分析［M］. 北京：清华大学出版社，2002.

［12］王成墨. MATLAB 在遥感技术中的应用［M］. 北京：北京航空航天大学出版社，2016.

［13］朱述龙，朱宝山，王红卫. 遥感图像处理与应用［M］. 北京：科学出版社，2006.